Microsoft

MOS
Excel 2016 Expert

原廠國際認證
應考指南
Exam 77-728

U0087024

目錄
Contents

Chapter 04 建立進階圖表和資料表

Chapter 05　模擬試題

Chapter 00 | 關於 Microsoft Office Specialist 認證

Microsoft Office 系列應用程式是全球最為普級的商務應用軟體，不論是 Word、Excel 還是 PowerPoint 都是家喻戶曉的軟體工具，也幾乎是學校、職場必備的軟體操作技能。因此，關於 Microsoft Office 的軟體能力認證也如雨後春筍地出現，受到各認證中心的重視。不過，Microsoft Office Specialist（MOS）認證才是 Microsoft 原廠唯一且向國人推薦的 Office 國際專業認證，對於展示多種工作與生活中其他活動的生產力都極具價值。 取得 MOS 認證可證明有使用 Office 應用程式因應工作所需的能力，並具有重要的區隔性，證明個人對於 Microsoft Office 具有充分的專業知識及能力，讓 MOS 認證實現你 Office 的能力。

0-1 關於 Microsoft Office Specialist（MOS）認證

Microsoft Office Specialist 專業認證（簡稱 MOS），是 Microsoft 公司原廠唯一的 Office 應用程式專業認證，是全球認可的電腦商業應用程式技能標準。透過此認證可以證明電腦使用者的電腦專業能力，並於工作環境中受到肯定。即使是國際性的專業認證、英文證書，但是在試題上可以自由選擇語系，因此，在國內的 MOS 認證考試亦提供有正體中文化試題，只要通過 Microsoft 的認證考試，即頒發全球通用的國際性證書，取電腦專業能力的認證，以證明您個人在 Microsoft Office 應用程式領域具備充分且專業的知識知識與能力。

取得 Microsoft Office 國際性專業能力認證，除了肯定您在使用 Microsoft Office 各項應用軟體的專業能力外，亦可提昇您個人的競爭力、生產力與工作效率。在工作職場上更能獲得更多的工作機會、更好的升遷契機、更高的信任度與工作滿意 。

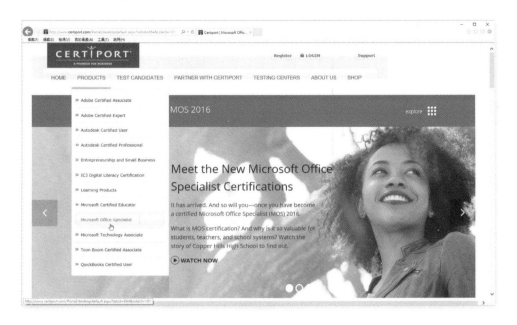

Certiport 是為全球最大考證中心，也是 Microsoft 唯一認可的國際專業認證單位，參加 MOS 的認證考試必須先到網站進行註冊。

0-2 MOS 認證系列

MOS 認證區分為標準級認證（Core）與專業級認證（Expert）兩大類型。

標準級認證（Core）

標準級認證（Core）是屬於基本的核心能力評量，可以測驗出對應用程式的基本實戰技能。
根據不同的 Office 應用程式，共區分為以下幾個科目：

➤ Exam 77-725 Word 2016:
  Core Document Creation, Collaboration and Communication

➤ Exam 77-727 Excel 2016:
  Core Data Analysis, Manipulation, and Presentation

➤ Exam 77-729 PowerPoint 2016:
  Core Presentation Design and Delivery Skills

➤ Exam 77-730 Access 2016:
  Core Database Management, Manipulation, and Query Skills

➤ Exam 77-731 Outlook 2016:
  Core Communication, Collaboration and Email Skills

上述每一個考科通過後，皆可以取得該考科的 MOS 國際性專業認證證書。

專業級認證（Expert）

專業級認證（Expert）是屬於 Word 和 Excel 這兩項應用程式的進階的專業能力評量，可以
測驗出對 Word 和 Excel 等應用程式的專業實務技能和技術性的工作能力。共區分為：

➤ Exam 77-726 Word 2016 Expert:
  Creating Documents for Effective Communication

➤ Exam 77-728 Excel 2016 Expert:
  Interpreting Data for Insights

若通過 MOS Word 2016 Expert 考試，即可取得 MOS Word 2016 Expert 專業級認證證
書；若通過 MOS Excel 2016 Expert 考試，即可取得 MOS Excel 2016 Expert 專業級認證
證書。

大師級認證（Master）

MOS 大師級認證（MOS Master）與微軟在資訊技術領域的 MCSE 或 MCSD，或現行的 MCITP 或 MCPD 是同級的認證，代表持有認證的使用者對 Microsoft Office 有更深入的了解，亦能活用 Microsoft Office 各項成員應用程式執行各種工作，在技術上可以熟練地運用有效的功能進行 Office 應用程式的整合。因此，MOS 大師級認證的門檻較高，考生必須通過多項標準級與專業級考科的考試，才能取得 MOS 大師級認證。最新版本的 MOS Microsoft Office 2016 大師級認證的取得，必須通過下列三科必選科目：

➤ MOS: Microsoft Office Word 2016 Expert　　　　（77-726）

➤ MOS: Microsoft Office Excel 2016 Expert　　　　（77-728）

➤ MOS: Microsoft Office PowerPoint 2016　　　　（77-729）

並再通過下列兩科目中的一科（任選其一）：

➤ MOS: Microsoft Office Access 2016（77-730）

➤ MOS: Microsoft Office Outlook 2016（77-731）

因此，您可以專注於所擅長、興趣、期望的技術領域與未來發展，選擇適合自己的正確途徑。

* 以上資訊公佈自 Certiport 官方網站。

MOS 2016 各項證照

MOS Word 2016 Core 標準級證照

MOS Word 2016 Expert 專業級證照

MOS Excel 2016 Core 標準級證照

MOS Excel 2016 Expert 專業級證照

MOS PowerPoint 2016 標準級證照

MOS Outlook 2016 標準級證照

MOS Access 2016 標準級證照

MOS Master 2016 大師級證照

0-3　證照考試流程與成績

考試流程

1.　考前準備：參考認證檢定參考書籍，考前衝刺～

2.　註冊：首次參加考試，必須登入 Certiport 網站（http://www.certiport.com）進行註冊。註冊參加 Microsoft MOS 認證考試。（註冊前準備好英文姓名資訊，應與護照上的中英文姓名相符，若尚未擁有護照或不知英文姓名拼字，可登入外交部網站查詢）。

3.　選擇考試中心付費參加考試。

4.　即測即評，可立即知悉分數與是否通過。

認證考試畫面說明（以 MOS Excel 2016 Core 為例）

MOS 認證考試使用的是最新版的 CONSOLE 8 系統，考生必須先到 Ceriport 網站申請帳號，在此系統便是透過 Ceriport 帳號登入進行考試：

啟動考試系統畫面，點選〔自修練習評量〕：

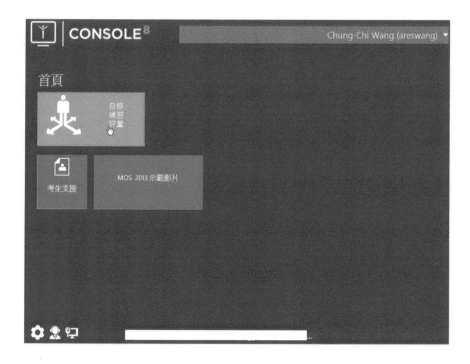

點選〔評量〕：

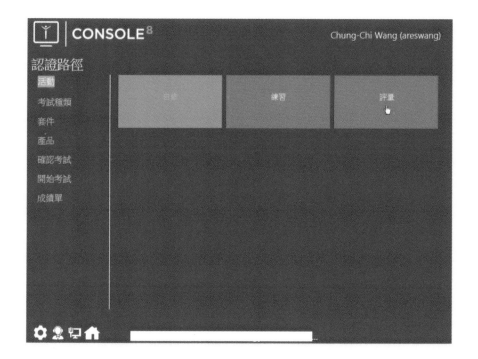

選擇要參加考試的種類為〔Microsoft Office Specialist〕:

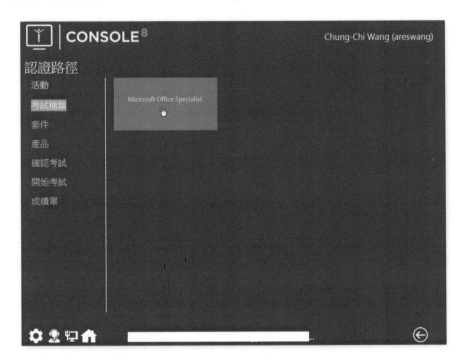

選擇要參加考試的版本為〔2016〕:

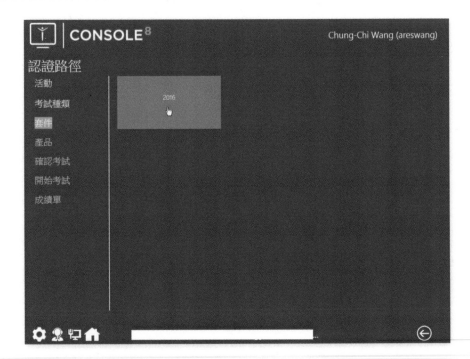

選擇要參加考試的科目，例如：〔Excel〕：

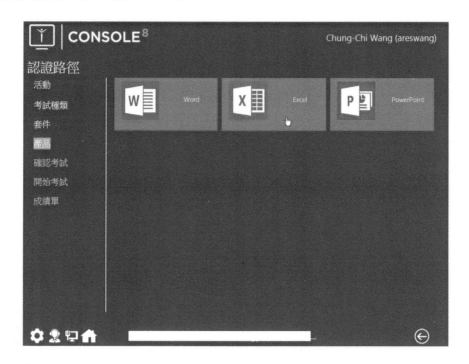

進行考試資訊的輸入，例如：郵件地址編輯（會自動套用註冊帳號裡的資訊）、考試群組、確認資訊。完成後，進行電子郵件信箱的驗證與閱讀並接受保密協議：

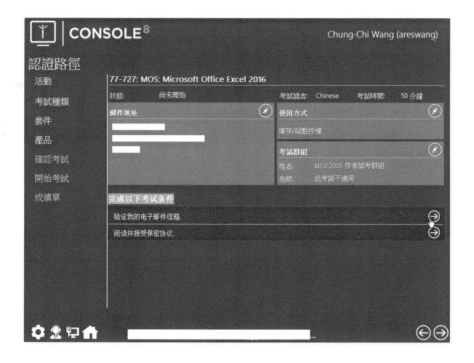

閱讀並接受保密協議畫面，務必點按〔是，我接受〕：

由考場人員協助，登入監考人員帳號密碼。

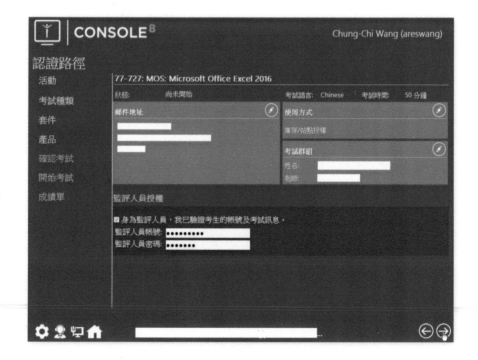

自動進行系統與硬體檢查，通過檢查即可開始考試：

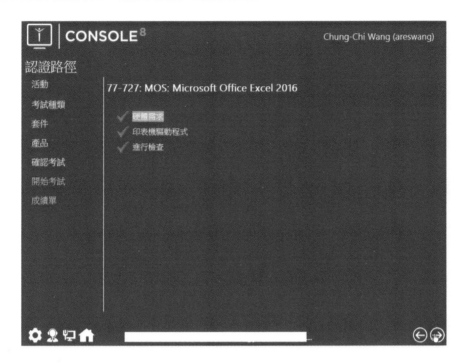

考試前會有 8 個認證測驗說明畫面：

首先，進行考試介面的講解：

考試是以專案情境的方式進行實作，在考試視窗的底部即呈現專案題目的各項要求任務（工作），以及操控按鈕：

此外，也提供考試總結清單，會顯示已經完成或尚未完成（待檢閱）的任務（工作）清單：

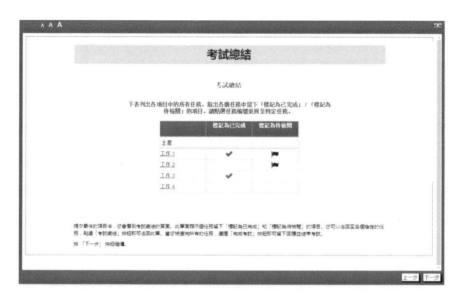

逐一看完認證測驗說明後，點按右下角的〔下一步〕按鈕，即可開始測驗，50 分鐘的考試時間在此開始計時。

現行的 MOS 2016 認證考試，是以情境式專案為導向，每一個專案包含了 5 ～ 7 項不等的任務（工作），也就是情境題目，要求考生一一進行實作。每一個考科的專案數量不一，例如：Excel 2016Core 有七個專案、Excel 2016 Expert 則有 5 個專案。畫面上方是應用程式與題目的操作畫面，下方則是題目視窗，顯示專案序號、名稱，以及專案概述，和專案裡的每一項必須完成的工作。

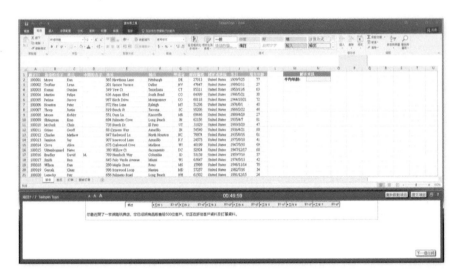

點按視窗下方的工作頁籤，即可看到該工作的要求內容：

完成一項工作要求的操作後，可以點按視窗下方的〔標記為已完成〕，若不確定操作是否正確或不會操作，可以點按〔標記為待檢閱〕。

整個專案的每一項工作都完成後，可以點按〔提交項目〕按鈕，若是點按〔重新啟動項目〕按鈕，則是整個專案重設，清除該專案裡的每一項結果，整個專案一切重新開始。

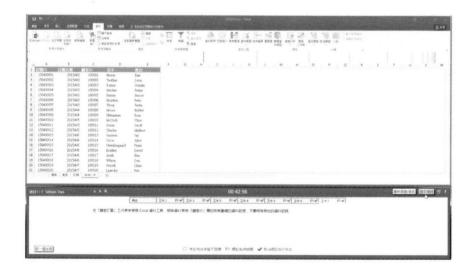

考試過程中,當所有的專案都已經提交後,畫面右下方會顯示〔考試總結〕按鈕可以顯示專案中的所有任務(工作):

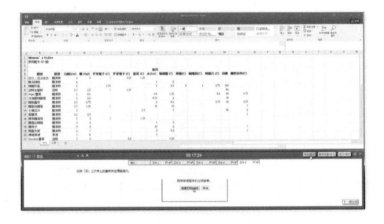

考生可以透過〔考試總結〕按鈕的點按,回顧所有已經完成或尚未完成的工作:

在考試總結清單裡可以點按任務編號的超連結,回到專案繼續進行該任務的作答與編輯:

最後，可以點按〔考試完成後留下回應〕，對這次的考試進行意見的回饋，若是點按〔關閉考試〕按鈕，即結束此次的考試。

這是留下意見回饋的視窗，可以點按〔結束〕按鈕：

此為即測即評系統,完成考試作答後即可立即知道成績。認證考試的滿分成績是 1000 分,及格分數是 700 分以上。

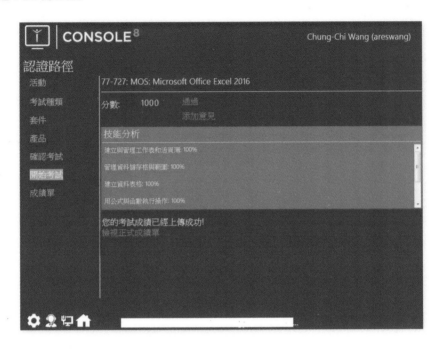

考後亦可登入 Certiport 網站,檢視、下載、列印您的成績報表或查詢與下載列印證書副本。

Chapter 01

管理活頁簿選項
與設定

此章節的學習目標將著重在活頁簿範本的認識與儲存,以及活頁簿檔案與檔案之的運作與參照、巨集的複製和功能區的使用。此外,關於活頁簿管理和保護及檢閱也是重要的單元,讓使用者可以瞭解如何設定活頁簿的共用與分享,並且如何面對活頁簿在協同作業上的常見問題。

1-1　管理活頁簿

常態的活頁簿檔案非常值得儲存為制式規範的活頁簿範本檔；在各活頁簿檔案之間的資料參照與巨集的分享都是管理活頁簿時必備的技能。

1-1-1　將活頁簿儲存為範本

範本（Template）是檔案（File）之母，在 Microsoft Office 應用程式環境下，建立一個新的文件檔案皆須透過範本而為之。因此，對於重覆性極高的常態性文件，例如：表格、單據、通告、…等文件、每個月都要建立的試算、報表、…等檔案，都可以透過範本的建立，讓爾後建立文件檔案時可以更加輕鬆、迅速。

以 Microsoft Excel 為例，如果您有一個經常要編輯的資料報表，可能是定期或特定事件發生時，都要填寫的資料報表，諸如月報表、季報表、請假單、加班條、…等等。由於這些資料報表大都是標題格式一致，只是每次填寫的內容不一而已，因此，您可以透過範本檔案（Templates）的觀念，建立一個制式的資料報表格式檔案，每回要填寫資料報表時，只要將範本檔案開啟，便可以將該範本檔案視為樣板，建立一個新的資料報表檔案。並不用花費太多的時間在輸入並編輯資料報表中的常態資料格式與內容。而建立範本的方式與建立一般的報表檔案並無太大的差別，只是在儲存檔案的時候，要特別指定儲存為範本檔案型態的格式即可，如下圖所示，可以將利用 Excel 工作表所製作的加班申請表單，儲存為 Excel 範本檔案。

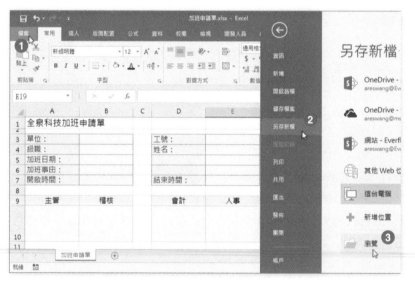

Step.1
開啟要儲存為範本檔案的活頁簿後，點按〔**檔案**〕索引標籤。

Step.2
進入後台管理頁面後，點按〔**另存新檔**〕。

Step.3
點按〔**瀏覽**〕選項。

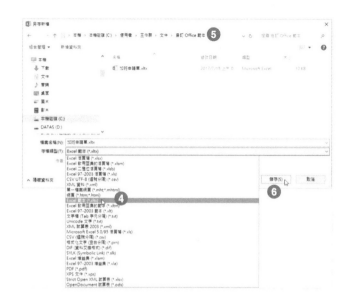

Step.4
開啟〔**另存新檔**〕對話方塊，可選擇存檔類型為〔**Excel 範本（*.xltx）**〕。

Step.5
存檔路徑會自動切換到預設的自訂 Office 範本資料夾。

Step.6
輸入自訂的範本檔案名稱後，點按〔**儲存**〕按鈕。

Excel 的檔案屬性，也就是附屬檔案名稱為 .xlsx，又稱之為活頁簿檔案；而 Excel 的範本檔案之屬性，意即附屬檔案名稱則為 .xltx。在儲存自訂的範本檔時，若無特別指定，都將會儲存在〔**自訂 Office 範本**〕資料夾內。而使用範本檔案來建立活頁簿檔案的操作方式為：建立新活頁簿檔案的操作過程中，挑選〔**個人**〕類別裡的自訂活頁簿範本檔案，即可依此建立新的活頁簿。例如：選擇先前建立的加班申請單範本，建立新的加班申請單活頁簿檔案。

Step.1
點按〔**檔案**〕索引標籤。

Step.2
進入後台管理頁面後，點按〔**新增**〕。

Step.3
在〔**新增**〕頁面裡點按〔**個人**〕選項。

Step.4
點選〔**加班申請單**〕活頁簿範本。

Step.5 隨即以〔**加班申請單**〕活頁簿範本為藍圖,開始新活頁簿內容的編輯。

TIPS & TRICKS

在 Excel 2016 的後台管理頁面中,亦提供有〔**匯出**〕功能選單,也包含了〔**變更檔案類型**〕選項,其中的〔**範本(*.xltx)**〕檔案選項也是將活頁簿檔案儲存成範本檔案的途徑之一。

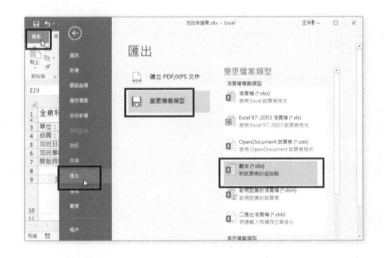

1-1-2 在活頁簿之間複製巨集

根據預設狀態，在 Excel 建立巨集時，該巨集只會儲存在該活頁簿檔案，並在該活頁簿中發揮作用。如果您開啟或建立的其他活頁簿也想要擁有該巨集程式碼，並且不想花費時間重新錄製相同的巨集程式碼，則在活頁簿之間複製巨集即是您必學的技能。

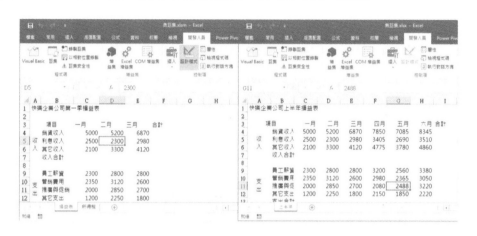

左邊這個活頁簿檔案裡已經擁有多個巨集。右邊這個活頁簿檔案裡沒有任何巨集。

Step.1

同時開啟上述兩個活頁簿檔案後，點按〔**開發人員**〕索引標籤。

Step.2

點按〔**程式碼**〕群組裡的〔\Visual Basic〕命令按鈕，進入 Microsoft Visual Basic for Application 編輯器環境。

Step.3 在專案窗格裡可以看到已經開啟的活頁簿檔案的樹狀結構，點選並拖曳含有巨集的活頁簿檔案之〔**模組**〕資料夾裡的〔Module1〕。

Step.4 拖放至沒有該巨集的活頁簿檔案專案名稱上。

Step.5 原本〔**模組**〕資料夾裡的〔Module1〕整個複製到原本沒有巨集的活頁簿檔案之〔**模組**〕資料夾內,也完成了巨集程式的複製。

當然,上述的說明是針對含有巨集的活頁簿檔與為含有任何巨集的活頁簿檔之間的巨集複製。因此,原本未含有任何巨集的活頁簿檔已經擁有巨集程式了,在儲存檔案時,就必須將存檔類型改成「Excel 啟用巨集的活頁簿(*.xlsm)」才能在活頁簿裡保有巨集程式碼。

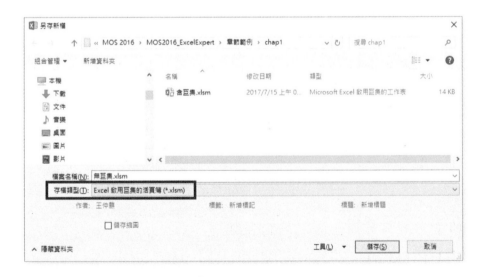

含有巨集的活頁簿檔案,必須以「Excel 啟用巨集的活頁簿(*.xlsm)」檔案類型儲存。

如果是兩個皆含有巨集程式碼的活頁簿檔案,在其〔**模組**〕資料夾裡的 Module1 內也都可以包含不只一個以上的巨集程式碼,此時,並不一定非得採用上述拖曳整個〔Module1〕的方式來複製〔Module1〕內的所有巨集程式,僅選取〔Module1〕內想要複製的巨集程式碼,透過複製、貼上的操作,亦可在活頁簿之間複製單一的巨集程式。

Step.1 開啟 VBA 編輯視窗後，先點按兩下左側專案窗格裡某活頁簿專案模組資料夾內的模組（Module），即存放巨集程式碼的地方。

Step.2 選取所要複製的某一段程式碼。例如：Sub 至 Sub End 之間的一組巨集程式碼，然後，以滑鼠右鍵啟動快顯功能表並點選〔**複製**〕（或直接選取程式碼後按下 Ctrl + C）。

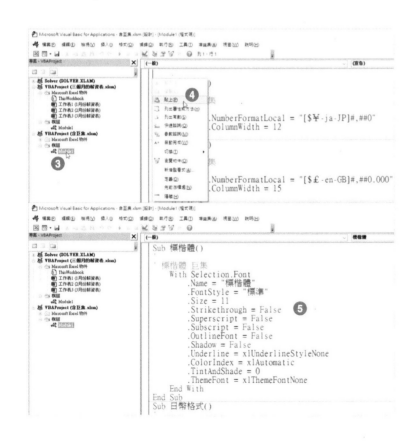

Step.3

在左側專案窗格裡點按兩下另一個活頁簿專案模組資料夾內的模組（Module）。

Step.4

以滑鼠右鍵點按程式碼編輯區裡的空白列，並點按快顯功能表裡的〔**貼上**〕（或直接按下 Ctrl + V）。

Step.5

立即完成不同活頁簿之間巨集程式的複製。

1-1-3 參照其他活頁簿中的資料

在建立公式或函數時，總是會參照到其他的儲存格，我們稱之為參照儲存格，若參照的儲存格與所輸入的公式、函數同屬於同一張工作表，則在公式裡直接描述該儲存格位址即可，若是要參照其他工作表上的儲存格，則必須在儲存格位址之前加上工作表名稱與驚嘆號，例如：

=K4 + Sheet1!K5

此公式表示將儲存格 K4 加上 Sheet1 工作表的 K5 儲存格。

=SUM（A1:A5）-SUM（工作表 2!A1:A5）

此公式則表示將使用 SUM 函數計算儲存格範圍 A1:A5 的總和，然後，減去工作表 2 的儲存格範圍 A1:A5 的總和（亦是透過 SUM 函數計算）。

如果是要參照其他簿檔案之某工作表上的儲存格，則則參照的連結公式必須還要包含活頁簿的檔案名稱，甚至檔案路徑。其完整的語法為：

' 活頁簿檔案路徑〔**活頁簿檔案名稱**〕工作表名稱 '! 儲存格位址

例如：

='D:\data\[仁愛店季報表 .xlsx] 仁愛店季報表 '!$B$14

此公式表示要參照存放在路徑 D:\Data 裡名為「仁愛店季報表 .xlsx」活頁簿檔案、工作表名稱為「仁愛店季報表」的儲存格 B14 的內容：

當工作表上有許多儲存格都建立了連結，參照到其他活頁簿檔案的工作表位址時，在茫茫大海的工作表儲存格裡，您又要如何能一眼就看到這些儲存格在哪裡？並了解它們參照到哪裡呢？其實，只要點按〔**資料**〕索引標籤，然後，點按〔**連線**〕群組裡的〔**編輯連結**〕命令按鈕，即可開啟名為〔**編輯連線**〕的對話方塊，在此便顯示了各個包含外部連結（參照到其他活頁簿、工作表）的來源、類型與連線狀態，讓您可以輕鬆編輯、更新或移除這些連結參照。

1-1-4　使用結構化參照來參照資料 *

從 Excel 2007 開始便提供了資料表工具，協助使用者將傳統的儲存格範圍（Range）轉換為具備資料表工具的資料表（Data Table），此時，若有公式或函數要參照資料表裡的儲存格，Excel 預設所採用的便是結構化參照。

當然，使用者也可以在公式中透過手動輸入或變更結構化參照，但要執行這項作業，最好能瞭解結構化參照的語法。例如以下的公式範例：

=SUM（Area[[#Totals],[交易金額]], Area [[#Data],[獎金]]）

上述公式具有下列結構化參照的元件：

➤ 資料表名稱：**Area**

   是自訂的表格名稱。 它會參照表格資料，而不需要任何頁首或合計列。 您可以使用預設的表格名稱，例如「表格 1」，或將其變更為使用自訂名稱。

➤ 欄指定元：〔**交易金額**〕和〔**獎金**〕

   是欄指定元，使用其所代表之欄名。其會參照欄資料，而不需要任何欄標題或合計列。而且指定元一律以方括弧括住，如下所示。

➤ 項目指定元：[#Totals] 和 [#Data]

   是參照表格特定部分的特殊項目指定元，如合計列。

➤ 表格指定元：[[#Totals],[交易金額]] 和 [[#Data],[獎金]]

   是代表結構化參照外部部分的表格指定元。 外部參照在表格名稱後面，您用方括弧將其括住。

➤ 結構化參照：（ Area[[#Totals],[交易金額]] 和 Area[[#Data],[獎金]] 是結構化參照，以表格名稱開頭和欄指定元結尾的字串表示。

因此，了解資料表的名稱是一件極為重要的課題，因為，在結構化參照公式中經常會套用這個名稱。在您將作用儲存格移到資料表範圍裡的任一儲存格時，功能區裡〔**資料表工具**〕底下〔**設計**〕索引標籤裡的〔**內容**〕群組內，即可看到該資料表的名稱，若有變動的需求，亦可在此資料表名稱文字方塊裡面，輸入自訂好幾又有意義的資料表名稱。

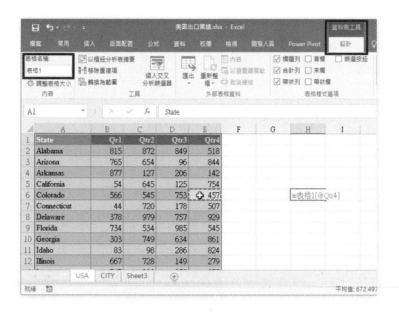

在工作表上建立資料表時，可在功能區裡編輯、自訂資料表的名稱。

在資料表以外的儲存格鍵入等號，進行公式輸入時，若點按資料表裡同一列的儲存格（意即欲參照到資料表裡同一列的儲存格內容）時，立即以結構化參照的敘述呈現連結公式。

若連結參照資料表底簿的合計列時，也是以結構化參照的方式來呈現連結公式，如下圖所示，顯示的是 = 表格 1[[# 總計],[Qtr4]] 而非 =E48。

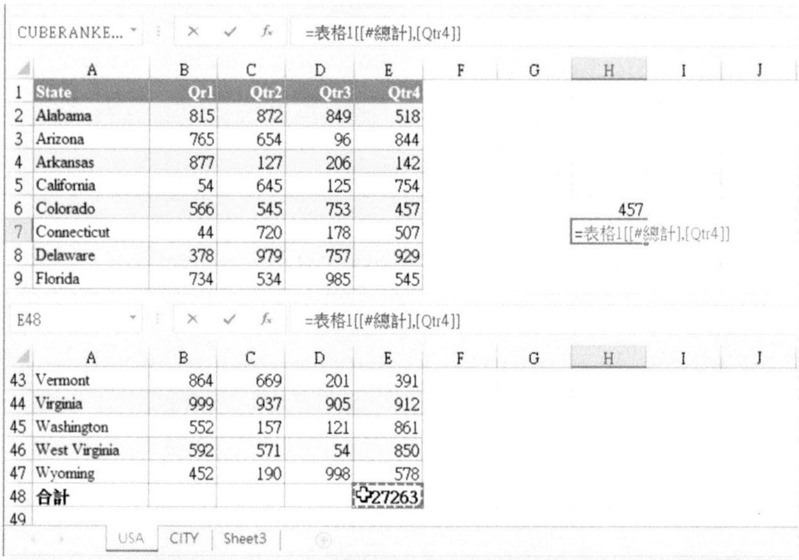

	A	B	C	D	E
1	State	Qtr1	Qtr2	Qtr3	Qtr4
2	Alabama	815	872	849	518
3	Arizona	765	654	96	844
4	Arkansas	877	127	206	142
5	California	54	645	125	754
6	Colorado	566	545	753	457
7	Connecticut	44	720	178	507
8	Delaware	378	979	757	929
9	Florida	734	534	985	545

	A	B	C	D	E
43	Vermont	864	669	201	391
44	Virginia	999	937	905	912
45	Washington	552	157	121	861
46	West Virginia	592	571	54	850
47	Wyoming	452	190	998	578
48	合計				27263
49					

1-1-5 在活頁簿中啟用巨集*

在開啟有錄製 Excel 巨集程式的活頁簿時，您可以決定巨集程式的安全性規範，以控制開啟活頁簿時要執行的巨集以及執行巨集時的條件。例如：您可以根據巨集是否經過信任的開發人員進行數位簽章，決定是否允許執行巨集，或者，停用所有的巨集。總共有以下四種選擇：

- 停用所有巨集（不事先通知）
- 除了經數位簽章的巨集外，停用所有巨集
- 停用所有巨集（事先通知）
- 啟用所有巨集（不建議使用；會執行有潛在危險的程式碼）

在活頁簿中啟用巨集的操作方式如下：

Step.1　點按〔**檔案**〕索引標籤。

Step.2　進入後台管理頁面，點按〔**選項**〕。

Step.3　開啟〔**Excel 選項**〕對話，點按〔**信任中心**〕。

Step.4　點按〔**信任中心設定**〕按鈕。

Step.5　開啟〔**信任中心**〕對話方塊，點選〔**巨集設定**〕選項。

Step.6　從中點選所要套用的巨集設定。

1-1-6　顯示隱藏的功能區索引標籤**

在 Excel 操作環境中，諸如：巨集錄製／編輯、控制項、Visual Basic 編輯器等功能選項及工具，都已經被整合於功能區裡的〔**開發人員**〕索引標籤內，只要您將〔**開發人員**〕索引標籤開啟，一切需求盡在其中。

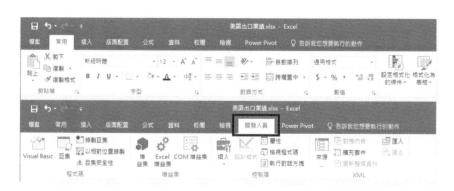

上圖分別為未啟用〔**開發人員**〕索引標籤及啟用〔**開發人員**〕索引標籤的功能區操作介面。

Step.1 點按〔**檔案**〕索引標籤。

Step.2 進入後台管理頁面，點按〔**選項**〕。

Step.3 隨即進入〔Excel **選項**〕操作頁面，點按左側選單裡的〔**自訂功能區**〕，即可進行自訂功能區的操作。

Step.4 在右側的功能區內容清單中，便可以勾選〔**開發人員**〕核取方塊。

Step.5 完成勾選後，點按〔**確定**〕按鈕，即可關閉〔Excel **選項**〕操作頁面。

實作
練習

➤ 開啟〔**練習 1-1.xlsx**〕活頁簿檔案：

1. 在"年度各季收入"工作表的儲存格 D12 ，新增一個公式，透過對合計列
   進行結構化參照的方式，計算所有分區的收入之合計平均值。

解

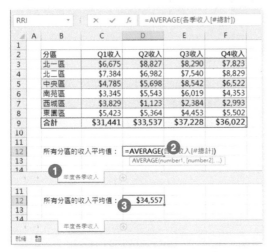

Step.1 點選"年度各季收入"工作
表。

Step.2 點選儲存格 D12，輸入公
式 AVERAGE 函數，並參
照資料表的合計列，形成
=AVERAGE(各季收入 [# 總
計])。

Step.3 完成公式的建立，顯示運算
結果。

2. 僅啟用經過數位簽章的巨集。

解

Step.1 點按〔**檔案**〕索引標籤。

Step.2 進入後台管理頁面,點按〔**選項**〕。

Step.3 開啟〔Excel **選項**〕對話,點按〔**信任中心**〕。

Step.4 點按〔**信任中心設定**〕按鈕。

Step.5 開啟〔**信任中心**〕對話方塊,點選〔**巨集設定**〕選項。

Step.6 點選〔**除了經數位簽章的巨集外,停用所有巨集**〕選項。

Step.7 點按〔**確定**〕按鈕。

Step.8 回到〔Excel **選項**〕對話,點按〔**確定**〕按鈕。

3. 在功能區裡顯示開發人員索引標籤。

Step.1 按〔**檔案**〕索引標籤。

Step.2 進入後台管理頁面,點按〔**選項**〕。

1-15

Step.3 隨即進入〔Excel 選項〕操作頁面，點按左側選單裡的〔**自訂功能區**〕，
即可進行自訂功能區的操作。

Step.4 在右側的功能區內容清單中，便可以勾選〔**開發人員**〕核取方塊。

Step.5 完成勾選後，點按〔**確定**〕按鈕，即可關閉〔Excel 選項〕操作頁面。

1-2　管理活頁簿檢閱

為了安全性，活頁簿的編輯不一定是全面開放讓使用者任意編輯，也極有可能是採取局部開
放部份儲存格讓使用者編修，其餘工作表範圍則密碼保護。此外，許多時候儲存格裡的公式
訂定是計算的核心與機密，是否要適度地隱藏公式的顯示，也常常是建立活頁簿時需要考量
的。檔案，整個活頁檔案的保護、工作表的保護，甚至管理編輯中的活頁簿的版本，都是管
理活頁簿協同作業時的重要議題。

1-2-1　限制編輯 *

為了添增工作表編輯過程中的安全性，您可以在工作表上設定限制編輯，使得僅有特別指定
的範圍在輸入指定的密碼後才得以編輯。也就是說，可以設定保護整張工作表不可編輯異動
但局部開放部分儲存格範圍可以在輸入成功的密碼後進行編輯。例如：以下的操作程序將設
定儲存格範圍 B2:C10 是一個允許使用者編輯的範圍，但必須輸入正確的密碼。而此範圍以
外的工作表範圍都將保護起來，不可任意編輯與異動。

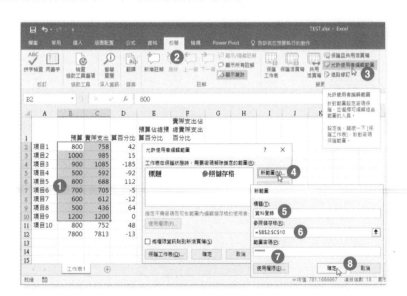

Step.1 選取儲存格範圍 B2:C10。

Step.2 點按〔校閱〕索引標籤。

Step.3 點按〔變更〕群組裡的〔允許使用者編輯範圍〕命令按鈕。

Step.4 開啟〔允許使用者編輯範圍〕對話方塊,點按〔新範圍〕按鈕。

Step.5 開啟〔新範圍〕對話方塊,輸入自訂的標題文字。例如:「資料登錄」。

Step.6 先前選取的範圍已為參照儲存格範圍,若有需要調整亦可在此修改範圍。

Step.7 輸入密碼。

Step.8 點按〔確定〕按鈕。

Step.9 開啟〔確認密碼〕對話方塊,輸入相同的密碼以確認。

Step.10 點按〔確定〕按鈕。

Step.11 回到〔允許使用者編輯範圍〕對話方塊,點按〔保護工作表〕按鈕。

Step.12 開啟〔保護工作表〕對話方塊,可視需求決定是否要設定保護作表的密碼,若不設定,可直接點按〔確定〕按鈕。

1-2-2 保護工作表*

保護儲存格的設定

基本上,在 Excel 的預設中,每一個儲存格都是內定為鎖定狀態,也就是說,每一個儲存格都被保護起來,使用者並無法輸入資料至儲存格內。可是,為什麼我們在啟動 Excel 後,編輯任何一個新、舊的工作表時，還是可以在儲存格內輸入資料與公式、函數呢？那是因為即使儲存格被內定為鎖定狀態，也必須要啟動工作表的保護模式，如此，才能真正達到保護儲存格的目的。因此，在工作表的編輯過程中，您可以將經常要更動內容的儲存格，取消其鎖定狀態，當您一旦啟動了工作表的保護模式時，所有的公式、標題文字、空白儲存格便都會被保護起來，無法輸入資料或更動資料，唯獨那些已經取消鎖定狀態的儲存格，則仍可以讓您異動與編輯資料。至於，要如何將選定的儲存格範圍取消其鎖定狀態呢？其實，只要在選取工作表上的儲存格或範圍後，執行「格式」「儲存格」功能表指令，點按〔**保護**〕索引標籤，點選「鎖定」選項即可。

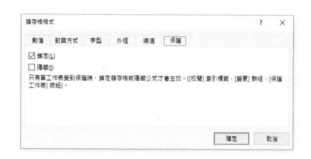

此外，您若點選了〔**保護**〕索引標籤對話裡的「隱藏」選項，則可以將含有公式的儲存格之公式內容隱藏起來，不顯示在資料編輯列上。最後，再透過保護工作表的操作，即可正式啟動工作表的保護模式，達成保護工作表的目的。

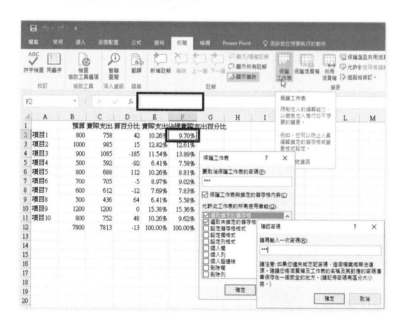

經過儲存格格式的隱藏選項設定，並在執行保護工作表的操作後（啟動工作表的保護模式），即使點選了該儲存格，在公式編輯列上仍然看不到儲存格裡的公式。

工作表的保護措施上,可以僅允許使用者選取鎖定的儲存格,或者僅能選取未鎖定的儲存格;也可以決定是否可以讓使用者設定儲存格格式、設定欄位格式、設定列格式、插入欄、插入列、插入超連結、刪除欄、刪除列、排序、使用自動篩選、使用樞紐分析表與樞紐分析圖、編輯物件、編輯分析藍本等等選項。

選項	允許使用者可以…
選取鎖定的儲存格	將游標移動到〔**儲存格格式**〕對話方塊的〔**保護**〕索引標籤中已選取〔**鎖定**〕方塊的儲存格上。根據預設,使用者可以選取遭到鎖定的儲存格。
選取未鎖定的儲存格	將指標移至〔**儲存格格式**〕對話方塊的〔**保護**〕索引標籤中已取消選取〔**鎖定**〕方塊的儲存格上。根據預設,使用者可以選取未鎖定的儲存格,而且可以在受保護的工作表上,以按 TAB 鍵的方式在未鎖定的儲存格之間移動。
設定儲存格格式	變更〔**儲存格格式**〕或〔**設定格式化的條件**〕對話方塊中的任何選項。如果您在為工作表加上保護之前就已經套用了〔**設定格式化的條件**〕,則當使用者輸入了一個能夠滿足其他條件的值時,格式設定仍會發生變更。
設定欄格式	使用任何設定欄格式命令,包括變更欄寬或隱藏欄(〔**常用**〕索引標籤、〔**儲存格**〕群組、〔**格式**〕按鈕)。
設定列格式	使用任何設定列格式命令,包括變更列高或隱藏列(〔**常用**〕索引標籤、〔**儲存格**〕群組、〔**格式**〕按鈕)。
插入欄	插入欄。
插入列	插入列。
插入超連結	插入新的超連結,即使是在未鎖定的儲存格中。
刪除欄	刪除欄。附註:如果〔**刪除欄**〕受到保護而〔**插入欄**〕未受到保護,則使用者可以插入欄,但無法將其刪除。
刪除列	刪除列。附註:如果〔**刪除列**〕受到保護而〔**插入列**〕未受到保護,則使用者可以插入列,但無法將其刪除。
排序	使用任何命令來排序資料(〔**資料**〕索引標籤、〔**排序與篩選**〕群組)。附註:無論這項設定為何,使用者都無法在受到保護的工作表上針對含有遭鎖定儲存格的範圍進行排序。
使用自動篩選	使用下拉式箭號來變更套用自動篩選時範圍的篩選方式。附註:無論這項設定為何,使用者都無法在受到保護的工作表上套用或移除自動篩選。
使用樞紐分析表	設定格式、變更版面配置、重新整理、修改樞紐分析表,或建立新的報告。

選項	允許使用者可以…
編輯物件	執行下列任何一項動作： • 對您在為工作表加上保護之前尚未解除鎖定的圖形物件（包括對應、內嵌圖表、圖案、文字方塊和控制項）進行變更。例如，如果某份工作表含有一個用來執行巨集的按鈕，則您可以按一下該按鈕以執行巨集，但無法將該按鈕刪除。 • 對內嵌圖表進行任何變更，例如格式設定。當您變更內嵌圖表的來源資料時，內嵌圖表會持續更新顯示。 • 新增或編輯註解。
編輯分析藍本	檢視您已經隱藏起來的分析藍本、對您已經禁止變更的分析藍本進行變更，以及刪除這些分析藍本。使用者可以變更變數儲存格中的值（只要這些儲存格並未受到保護），並新增分析藍本。

1-2-3　設定公式計算選項****

在工作表上，經常會建立許多公式，也會使用函數進行大量的運算，而當公式或函數中所參照的儲存格內容有所變動時，公式與函數也將重新計算出正確的結果。甚至，有些函數是隸屬於動態類型的函數，例如：若工作表上使用了諸如 RAND（ ）、NOW（ ）、TODAY（ ）、OFFSET（ ）、CELL（ ）、INDIRECT（ ）、INFO（ ）等函數，即使沒有變更任何前導參照，但每次的動態操作（例如：插入或刪除欄、列或儲存格），就會觸發重新計算的動作，工作表也就一定會再重新計算。因此，使用愈多動態函數，即使完整計算不受影響，每次重新計算的速度就會變得愈慢。

有鑑於提升工作表的計算效能，Excel 提供了幾種選項可以讓使用者自行操控計算的方式。

➤ 自動計算

「自動計算」模式表示每次有變更或每次開啟活頁簿時，Excel 都會自動重新計算所有開啟的活頁簿。通常當您以自動模式開啟活頁簿而 Excel 進行重新計算時，會看不到重新計算，這是因為從上次儲存活頁簿至今，尚未有任何變更。

➤ 手動計算

「手動計算」模式表示只有當您按了 F9 或 CTRL+ALT+F9 要求時，或者當您儲存活頁簿時，Excel 才會重新計算所有開啟的活頁簿。如果您所製作的活頁簿資料龐大、公式種多且繁複，可能需要花費較多時間重新計算，即建議您可以設定該活頁簿為手動計算模式，以避免每次進行工作表的變更時，都要等上一短不短的活頁簿運算時間。在設定為手動模式時，Excel 畫面底部的狀態列上會顯示〔計算〕提示訊息，通知您需此活頁簿屬於需要手動重新計算的活頁簿。如果您的活頁簿含有循環參照，且選取了反覆運算選項，則狀態列上也會顯示〔計算〕提示訊息。

➤ 反覆運算設定

　若活頁簿中含有刻意存在的循環參照，則可以利用反覆運算設定，來控制活頁簿重新計算（反覆運算）的次數上限，以及收斂條件（最大誤差：何時停止）。一般來說您應該清空反覆運算方塊，這樣萬一出現意外的循環參照時，Excel 就會先警告您，而不會嘗試解決循環參照。

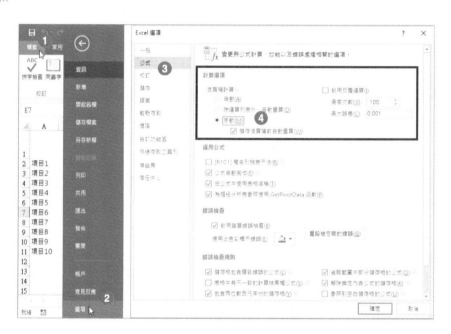

Step.1 開啟活頁簿後選按〔**檔案**〕索引標籤。

Step.2 進入後台管理頁面，點按〔**選項**〕。

Step.3 開啟〔Excel **選項**〕對話，點按〔**公式**〕類別。

Step.4 在此可以設定活頁簿的計算選項，以及是否「啟用反覆運算」與計算次數的設定。

1-2-4 保護活頁簿結構*

先前的小節中曾經討論過儲存格的鎖定與工作表的保護，其實，整個活頁簿檔案（.XLSX 檔案）也是可以進行保護的。在保護工作表的運作上，主要是在於防止工作表、欄列的新增與刪除、樞紐分析表、分析藍本或工作表物件的變更與更新。而保護活頁簿的目的則是在保護活頁簿的結構和視窗。也就是說，您可以防止活頁簿結構的改變，因此，被保護的活頁簿內之工作表不能被刪除、移動、隱藏、顯示或者更改工作表名稱。而且也不能插入新的工作表、添加新的統計圖表。此外，您也可以保護操作視窗，以防止視窗被移動或變更大小。

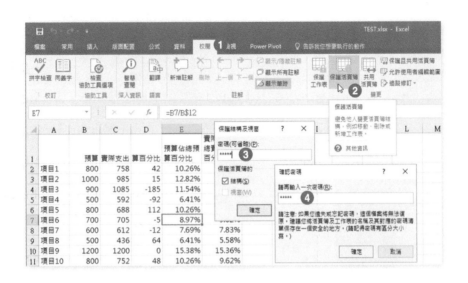

Step.1 點按〔校閱〕索引標籤。

Step.2 點按〔邊更〕群組裡的〔保護活頁簿〕命令按鈕。

Step.3 開啟〔保護結構及視窗〕對話方塊，鍵入密碼可以防止未經授權的使用者移除活頁簿的保護。

Step.4 開啟〔確認密碼〕對話方塊，再次鍵入相同的密碼以進行密碼的確認。

TIPS & TRICKS

工作表的保護措施上，可以分為保護「結構」與「視窗」兩種選項。您若點選「結構」選項，可以保護活頁簿的結構，因此工作表不能被刪除、移動、隱藏、顯示或重新命名，並且新的工作表不能被插入。如果選擇的是「視窗」選項，則是保護活頁簿視窗使它不被移動、更改大小、隱藏、顯示或關閉，不過，「視窗」選項只適用於 Excel 2007、Excel 2010、Excel for Mac 2010 以及 Excel for Mac 2016。

此外，在後台管理頁面的操作中，〔資訊〕頁面裡已提供〔保護活頁簿〕的功能操作，可以設定活頁簿為完稿（即標是為唯讀），或者以密碼加密活頁簿（必須要有密碼才能開啟）；以及保護工作表、保護活頁簿結構、限制活頁簿存取與新增數位簽章等功能設定。

1-2-5 管理活頁簿版本

在編輯活頁簿的過程中,您可以設定自動儲存活頁簿的功能,也就是每隔一段指定的時間,即便使用者沒有執行儲存檔案的操作,也會自動儲存活頁簿。早期這項功能的目的,可以防止萬一突然當機、斷電時,仍能保有最近儲存檔案時的內容。而今,在長時間的編輯下,每一次的自動儲存都會是一個活頁簿版本,讓使用者可以更容易管理未儲存的活頁簿檔案。

Step.1 點按〔**檔案**〕索引標籤。

Step.2 進入後台管理頁面後,點按〔**選項**〕。

Step.3 開啟〔Excel **選項**〕對話,點按〔**儲存**〕類別。

Step.4 在此可以設定儲存活頁簿選項,例如:可以設定每隔 10 分鐘就自動儲存一次活頁簿檔案,也可以設定若關閉不儲存時,仍會保留上一個自動回覆版本的活頁簿檔案。

Step.5

在經過一段長時間的編輯過程後,只要進入後台管理的〔**資訊**〕頁面操作,即可看到目前活頁簿檔案已經自動儲存了幾次的活頁簿版本,顯示了包含時間點的自動回覆清單。

Step.6

點按〔**管理活頁簿**〕按鈕,可以復原未儲存的活頁簿檔案。

1-2-6 使用密碼加密活頁簿 *

對於開啟活頁簿檔案的保護措施,最常使用的功能便是使用密碼加密活頁簿檔案。如此,爾後開啟活頁簿檔案時便會被要求輸入正確的密碼才能順利開啟該活頁簿檔案。

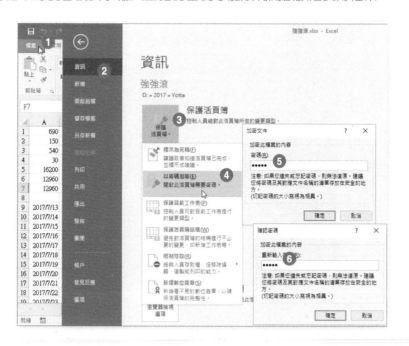

Step.1 點按〔**檔案**〕索引標籤。

Step.2 進入後台管理頁面後,點按〔**資訊**〕。

Step.3 進入〔**資訊**〕頁面,點按〔**保護活頁簿**〕按鈕。

Step.4 從展開的功能選單中點選〔**以密碼加密**〕功能選項。

Step.5 開啟〔**加密文件**〕對話方塊，輸入自訂的密碼，然後按下〔**確定**〕按鈕。

Step.6 開啟〔**確認密碼**〕對話方塊，再次輸入相同的密碼，然後按下〔**確定**〕按鈕。

Step.7 完成活頁簿檔案加密的保護，在〔**資訊**〕頁面上可以看到〔**保護活頁簿**〕按鈕會有黃底色的提示與〔**開啟此活頁簿需要密碼**〕的訊息。

爾後重新開啟此活頁簿檔案時，便會顯示〔**密碼**〕對話方塊，要求輸入正確的密碼以開啟該活頁簿。若輸入的密碼不正確，將會彈跳出密碼不符的提示對話方塊。

取消檔案加密

若要取消檔案的密碼加密，再次執行〔**以密碼加密**〕的功能操作即可，不過，記得完成密碼刪除的操作後，必須再次儲存檔案才能生效喔！

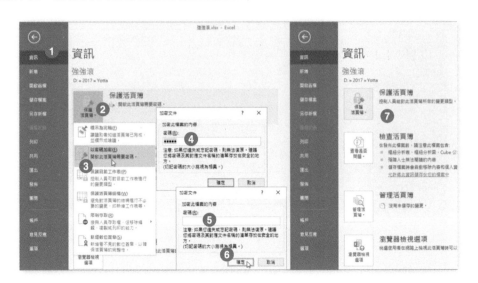

Step.1　進入後台管理的〔**資訊**〕頁面。

Step.2　點按〔**保護活頁簿**〕按鈕。

Step.3　點按〔**以密碼加密**〕功能選項。

Step.4　開啟〔**加密文件**〕對話方塊。

Step.5　選取密碼文字方塊裡原本的密碼，並按下鍵盤上的 Delete 按鍵以刪除。

Step.6　清空密碼文字方塊裡的內容後，點按〔**確定**〕按鈕即可。

Step.7　完成取消活頁簿檔案加密的保護後，在〔**資訊**〕頁面的〔**保護活頁簿**〕選項上便沒有黃底色的提示。

➤ 開啟〔**練習 1-1.xlsx**〕活頁簿檔案：

1. 在 "購票統計" 工作表中，建立 一個受密碼保護的範圍，儲存格範圍是
   J4:K18，範圍名稱命名為 "總票數"，使用 "P@ssword123" 為範圍保護密
   碼。保護工作表的密碼也設定為 "P@ssword123"。

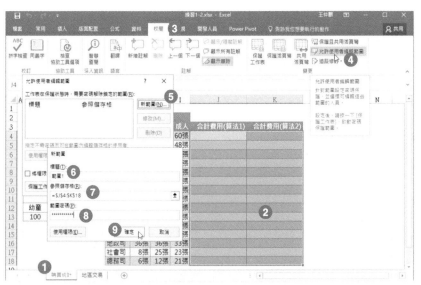

Step.1 點選 "購票統計" 工作表。

Step.2 選取儲存格範圍 J4:K18。

Step.3 點按〔**校閱**〕索引標籤。

Step.4 點按〔**變更**〕群組裡的〔**允許使用者編輯範圍**〕命令按鈕。

Step.5 開啟〔**允許使用者編輯範圍**〕對話方塊，點按〔**新範圍**〕按鈕。

Step.6 開啟〔**新範圍**〕對話方塊，輸入自訂的標題文字。例如：「總票數」。

Step.7 先前選取的範圍已為參照儲存格範圍。

Step.8 輸入密碼。

Step.9 點按〔**確定**〕按鈕。

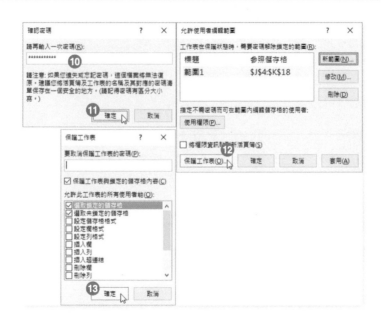

Step.10 開啟〔**確認密碼**〕對話方塊，輸入相同的密碼以確認。

Step.11 點按〔**確定**〕按鈕。

Step.12 回到〔**允許使用者編輯範圍**〕對話方塊，點按〔**保護工作表**〕按鈕。

Step.13 開啟〔**保護工作表**〕對話方塊，直接點按〔**確定**〕按鈕。

2. 變更 Excel 活頁簿的計算選項設定，當資料有所異動時，公式並不會自動重新計算，除非進行手動重新計算活頁簿，或者，當儲存活頁簿時才重新計算。

Step.1 開啟活頁簿後選按〔**檔案**〕索引標籤。

Step.2 進入後台管理頁面，點按〔**選項**〕。

Step.3 開啟〔**Excel 選項**〕對話，點按〔**公式**〕類別。

Step.4 點選〔**手動**〕選項，並勾選〔**儲存活頁簿前自動重算**〕核取方塊。

Step.5 點按〔**確定**〕按鈕。

3. 保護活頁簿，讓使用者無法新增、刪除或編輯工作表，除非輸入了正確的密碼 "my12345"。

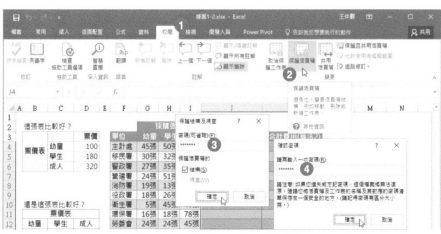

Step.1 點按〔**校閱**〕索引標籤。

Step.2 點按〔**變更**〕群組裡的〔**保護活頁簿**〕命令按鈕。

Step.3 開啟〔**保護結構及視窗**〕對話方塊，鍵入密碼可以防止未經授權的使用者移除活頁簿的保護。

Step.4 開啟〔**確認密碼**〕對話方塊，再次鍵入相同的密碼以進行密碼的確認。

4. 修改活頁簿選項，使得在使用瀏覽器開啟活頁簿時，僅能檢視 "地區交易" 工作表。

解

Step.1 開啟活頁簿後選按〔**檔案**〕索引標籤。

Step.2 進入後台管理頁面，點按〔**資訊**〕選項。

Step.3 開啟〔**資訊**〕對話頁面，點按〔**瀏覽器檢視選項**〕按鈕。

Step.4 開啟〔**瀏覽器檢視選項**〕對話方塊，點選〔**顯示**〕索引頁籤。

Step.5 點選〔**工作表**〕。

Step.6 僅勾選〔**地區交易**〕核取方塊。

Step.7 點按〔**確定**〕按鈕。

Chapter 02 | 套用自訂資料格式 和版面配置

當工作表裡的資料、數據都沒有問題後，資料的呈現與版面的設計與規劃就是重頭戲了！透過資料格式與驗證功能、格式化條件的設計與佈景主題、色彩、樣式等設定，將可以彰顯工作表的視覺化及凸顯資料報表的震撼力。

2-1 套用自訂資料格式和驗證

資料內容的本質不外乎是文字、數字或文數字的組合，在編輯資料的工具上，Excel 提供了格式化數值性資料、快速進行資料填滿，以及設定資料輸入法則的資料驗證等功能，讓使用者在編修資料時能更得心應手、提升工作效率。

2-1-1 建立自訂數值格式 * * * * * * *

Excel 是處理數字資料的利器，對於格式化數值性資料的能力也凌駕許多商業應用軟體之上，所以，學習如何建立自訂數值性資料的格式，也是製作財務報表、數據性報表的基本功。

對於工作表上所輸入的數值性資料與公式或函數所計算的結果，不論是數字、公式、還是函數，其數值在工作表上的顯示是否要加上錢號、或是百分號；小數位數要幾位、要不要以不同的顏色來表達正數與負數？這就是所謂的數值性資料之顯示格式操作。您可以在選取工作表上的儲存格或範圍後，點按〔常用〕索引標籤，在〔數值〕群組裡便提供了數值格式按鈕，諸如會計數字格式、百分比樣式、千分位樣式，以及增加小數位數、減少小數位數…等等，以進行數值性資料的顯示格式設定。

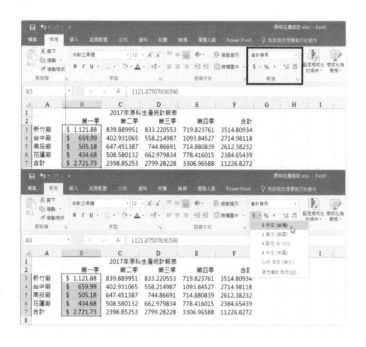

此外，還提供了〔**數值格式**〕下拉式選項清單，可以快速展開同是隸屬於數值性資料的各種格式，諸如：數值、貨幣符號、會計專用、簡短日期、詳細日期、時間、百分比、科學符號等格式讓您輕鬆套用。其中，最後一個選項〔**其他數字格式**〕則可以開啟〔**儲存格格式**〕對話方塊，讓您進行更細部、更多元的格式設定。

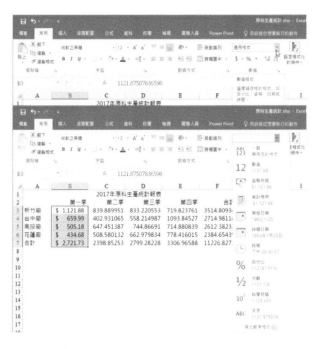

而功能區裡〔**數值**〕群組名稱右側的〔**數字格式**〕對話方塊啟動器按鈕，也是開啟〔**儲存格格式**〕對話方塊並自動切換到〔**數值**〕索引頁籤最佳方式。在此對話方塊的操作中，可以進行數字顯示格式的設定操作。例如：從左側「類別」選項中點選各種數字的顯示格式，例如：點選了貨幣類別，便可以再進行小數位數、貨幣符號的選擇，以及負數資料的表示方式。

除了現成的數字格式顯示類別外，您也可以自行定義數字的顯示格式。也就是說，您除了可以從「類別」選項中點選各種數字的顯示格式外，也可以自行定義數字的顯示格式效果。例如：選取了「類別」清單中的「自訂」選項後，便可以在〔**類型**〕文字方塊中輸入並定義想要的數字顯示效果。以輸入了如下的字串為例：

"美金" #,##0.# "元"

如此，便可以讓選取的範圍內之數值性資料加上"美金"兩字；數字則具有千分位樣式；數字之後也會附加"元"字。

以下即列出可輸入在【類型】文字方塊中，各種自訂數值資料之顯示格式樣本符號以及使用說明：

格式符號	說明
#	數字位數的表達，在小數部份的使用上，實際的小數位數若多於 # 符號個數，則多出的位數部份，將進行四捨五入。在整數部份的使用上，若實際的整數位數多於 # 符號個數，則多出的位數依舊會顯示出來。
0	用法與 # 符號類似。但是不論整數或小數部份，如果位數少於 0 符號個數，則不足的部份一律以零顯示。
?	用法與 0 符號類似。但是不論整數或小數部份，如果位數少於 ? 符號個數，則不足的部份一律以空白顯示。
.	小數點的使用表示。如果儲存格內的數值資料小於 1，且整數部份僅設定了一個 # 符號時，Excel 並不會顯示整數部份，所以，碰到此情況時，以 0 符號來標示，將較以 # 符號標示來得好看。
%	百分比的使用表示。
,	千位分隔號的使用表示，也就是在整數部份，每隔三位數將自動加上一個逗點符號。
E+ E- e+ e+	科學符號的使用表示。也就是以 10 為底的指數形式，而 E 或 e 就表示為 10 的次方。
/	分數格式的使用表示。
*	重複下一個字元，以填滿欄寬。

格式符號	說明
"文字"	顯示雙引號內的文字字串。
@	輸入資料時，預設為文字格式。
〔顏色〕	設定儲存格內容的顏色，例如：〔green〕代表綠色、〔red〕代表紅色、〔blue〕代表藍色。

日期與時間對 Excel 而言也是隸屬於數值性資料，但是，在外觀的呈現上可以透過儲存格格式中的日期與時間格式，進行日期時間的資料顯示格式設定。也可以使用樣本符號定義，就如同在自訂數值資料時，可以在〔**類型**〕文字方塊中的各種自訂時間資料之顯示格式樣本符號，以下即為各種符號與其使用說明：

格式符號	說明
m	即 month 之意，以數字 1 到 12 來表達月份。
mm	意即 month 的格式設定，以數字 01 到 12 來表達月份。
mmm	以英文縮寫來表達月份，如 Jan 至 Dec。
mmmm	以英文全名來表達月份，如 January 至 December。
d	即 day 之意，以數字 1 到 31 來表達日期。
dd	亦即 day 的格式設定，以數字 01 到 31 來表達日期。
ddd	以英文縮寫來表達星期，如 Sun 至 Sat。
dddd	以英文全名來表達星期，如 Sunday 至 Saturday。
yy	以兩位數字來顯示西式年份，如 00 至 99。
yyyy	以四位數字來顯示西式年份，如 1900 至 2078。
e	以兩位數字來顯示中華民國的年份，如 00 至 99。
h	即 hour 之意，以數字 0 到 23 來表達小時。
hh	亦即 hour 的格式設定，以數字 00 到 23 來表達小時。
m	即 minute 之意，以數字 0 到 59 來表達分鐘。不過，若 m 之前沒有 h 或 hh 符號，則 m 即代表月份而非分鐘。
mm	亦即 minute 的格式設定，以數字 00 到 59 來表達分鐘。不過，若 mm 之前沒有 h 或 hh 符號，則 mm 即代表月份而非分鐘。
s	即 second 之意，以數字 0 到 59 來表達秒數。
ss	亦即 second 的格式設定，以數字 00 到 59 來表達秒數。
Am am A a	以 12 時制來表達時間。

2-1-2 使用進階以數列填滿選項填入儲存格***

連續性的資料有資料數列的概念（Series Data）並不一定非得利用人工方式逐一登打，因為，Excel 所提供的數列（Series）填滿功能，正是建立連續性資料、標題、公式的最佳工具。

Excel 的自動填滿功能，是一個可以協助您快速完成常態性資料或制式規格資料的自動化輸入工具。而什麼是常態性資料或制式規格資料呢？比方說，我們經常要在工作表中輸入月份、星期、日期、時間，或者部門、員工姓名、分公司地點…等等連串的資料，若要一格一格的輸入，或是藉由傳統的複製、剪貼操作來完成輸入，則顯得有些不便與繁複，如果利用 Excel 的自動填滿功能，只需要在某一個儲存格內輸入連串資料的起始訊息，再透過滑鼠拖曳填滿控點的操作，就可以自動地填上所需要的連串資訊。例如：當您在某一個儲存格內輸入「星期一」文字資料，透過自動填滿的特性，便可以自動在相鄰的儲存格內填入「星期二」、「星期三」、「星期四」… 等星期資訊。再譬如，若您在某一個儲存格內輸入「一月」文字資料，則透過自動填滿的特性，便可以自動在相鄰的儲存格內填入「二月」、「三月」、「四月」…等月份資訊。

	A	B	C	D	E	F	G	H	I	J	K
1	2017/3/5	一月	Jan	星期一	週一	Monday	甲	子	第一季	05:20	Q1
2											
3											
4											
5											

	A	B	C	D	E	F	G	H	I	J	K
1	2017/3/5	一月	Jan	星期一	週一	Monday	甲	子	第一季	05:20	Q1
2	2017/3/6	二月	Feb	星期二	週二	Tuesday	乙	丑	第二季	06:20	Q2
3	2017/3/7	三月	Mar	星期三	週三	Wednesday	丙	寅	第三季	07:20	Q3
4	2017/3/8	四月	Apr	星期四	週四	Thursday	丁	卯	第四季	08:20	Q4
5	2017/3/9	五月	May	星期五	週五	Friday	戊	辰	第一季	09:20	Q1
6	2017/3/10	六月	Jun	星期六	週六	Saturday	己	巳	第二季	10:20	Q2
7	2017/3/11	七月	Jul	星期日	週日	Sunday	庚	午	第三季	11:20	Q3
8	2017/3/12	八月	Aug	星期一	週一	Monday	辛	未	第四季	12:20	Q4
9	2017/3/13	九月	Sep	星期二	週二	Tuesday	壬	申	第一季	13:20	Q1
10	2017/3/14	十月	Oct	星期三	週三	Wednesday	癸	酉	第二季	14:20	Q2
11	2017/3/15	十一月	Nov	星期四	週四	Thursday	甲	戌	第三季	15:20	Q3
12	2017/3/16	十二月	Dec	星期五	週五	Friday	乙	亥	第四季	16:20	Q4
13	2017/3/17	一月	Jan	星期六	週六	Saturday	丙	子	第一季	17:20	Q1
14	2017/3/18	二月	Feb	星期日	週日	Sunday	丁	丑	第二季	18:20	Q2
15	2017/3/19	三月	Mar	星期一	週一	Monday	戊	寅	第三季	19:20	Q3
16	2017/3/20	四月	Apr	星期二	週二	Tuesday	己	卯	第四季	20:20	Q4
17											

此外，您也可以利用 Excel 的數列填滿功能，先在儲存格內輸入資料的起始值，然後，再以此儲存格為首格，選取一個範圍，並藉由填滿數列的操作，不論是「向下填滿」、「向右填滿」、「向上填滿」、「向左填滿」等選項，來完成自動填滿選取範圍的目的。例如：在日期的資料填滿操作上，可以利用此編輯填滿數列的功能指令，建立每次相差數天、數週、數月、或數年的日期數列。因此，您可以先在一個儲存格內輸入一個起始日期，並以此儲存格為起點，選取一個日期數列所要填滿的範圍，再透過〔**填滿數列**〕功能操作進行資料填滿的對話。

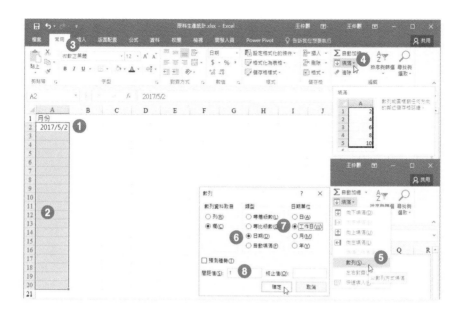

Step.1 在儲存格 A2 輸入日期。

Step.2 選取儲存格範圍 A2:A20。

Step.3 點按〔**常用**〕索引標籤。

Step.4 點按〔**編輯**〕群組裡的〔**填滿**〕命令按鈕。

Step.5 從展開的功能選單中點選〔**數列**〕功能。

Step.6 開啟〔**數列**〕對話方塊,點選〔**日期**〕類型。

Step.7 點選日期單位為〔**工作日**〕。

Step.8 間距值輸入「1」。然後點按〔**確定**〕按鈕。

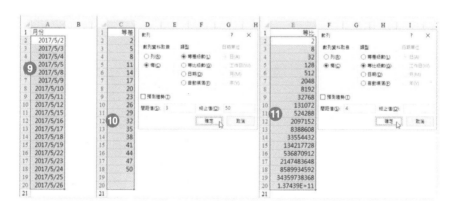

Step.9 完成數列填滿的操作。

Step.10 同樣的操作方式,亦可進行等差級數的數值填滿。

Step.11 同樣的操作方式,亦可進行等差比數的數值填滿。

2-1-3 設定資料驗證＊＊

如同資料庫系統軟體對於資料表的欄位定義，您也可以針對工作表上的個別儲存格或範圍，進行有效資料的定義，以限制只能有特定類型的資料才能輸入至儲存格內。在此您將學會如何使用〔**資料驗證**〕限制使用者輸入錯誤的資料。若輸入錯誤，立即顯示提示訊息。例如：您可以規定儲存格 B3:B14 只能輸入整數，而且有效範圍僅在 0 至 100 之間，作為員工考績分數的輸入規範。甚至，還可以自行設定輸入資料時的提示訊息，以及錯誤輸入資料時的錯誤訊息。在資料輸入的程序上，輸入的提示訊息與錯誤提醒的訊息顯示，可以讓自己或操作該工作表的人員，清楚瞭解資料登錄要點與正確的資訊輸入。

Step.1 選取儲存格範圍 B3:B14。

Step.2 點按〔**資料**〕索引標籤。

Step.3 點按〔**資料工具**〕群組裡的〔**資料驗證**〕命令按鈕。

Step.4 開啟〔**資料驗證**〕對話方塊，點按〔**設定**〕索引頁籤。

Step.5 點選〔**儲存格內允許**〕〔**整數**〕選項。

Step.6 設定資料〔**介於**〕最小值「0」、最大值「100」。

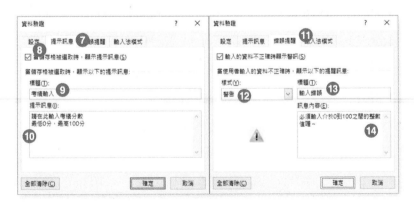

Step.7 點按〔**提示訊息**〕索引頁籤。

Step.8 勾選〔**當儲存格被選取時，顯示提示訊息**〕核取方塊。

Step.9 在標題文字方塊輸入「考績輸入」

Step.10 在提示訊息文字方塊輸入「請在此輸入考績分數 最低 0 分、最高 100 分」

Step.11 點按〔**錯誤提醒**〕索引頁籤。

Step.12 選擇〔**警告**〕樣式

Step.13 在標題文字方塊輸入「輸入錯誤」

Step.14 在訊息內容文字方塊輸入「必須輸入介於 0 到 100 之間的整數值喔～」

在按下〔**確定**〕按鈕，結束儲存格資料輸入的訊息定義後，當您將作用儲存格移動至指定的儲存格或範圍，準備進行資料輸入時，立即顯示出淺黃底色的訊息文字方塊，此即為提示訊息。在輸入儲存格資料時，若輸入的資料不符合輸入驗證的設定時，便會立即彈跳出錯誤提醒的訊息對話。

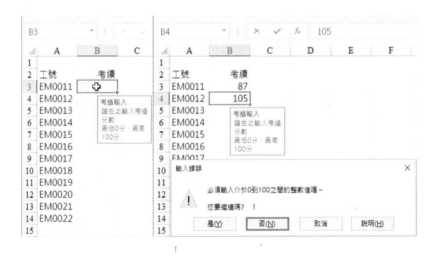

TIPS & TRICKS

資料驗證的設定中，可以定義的資料型態，包含：數值、實數、清單、日期、時間或文字等等。

實作
練習

➤ 開啟〔**練習 2-1.xlsx**〕活頁簿檔案：

1. 在"訂單"工作表中，格式化 B 欄為 中文（台灣）日期格式，並設定行事曆類型為 中華民國曆，採用 101 年 3 月 14 日 的格式。

解

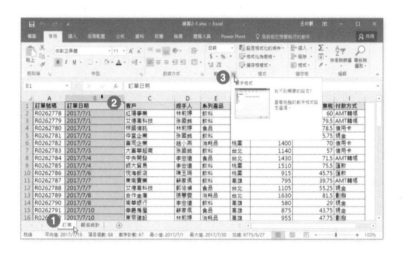

Step.1 點選"訂單"工作表。

Step.2 點選整個 B 欄。

Step.3 點按〔**常用**〕索引標籤裡〔**數值**〕群組旁的數字格式對話方塊啟動器按鈕。

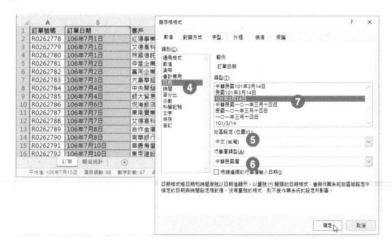

Step.4 開啟〔**儲存格格式**〕對話方塊並自動切換到〔**數值**〕索引頁籤，點選〔日期〕類別。

Step.5 點選地區設定（位置）選項為〔**中文（台灣）**〕。

Step.6 點選行事曆類型為〔**中華民國曆**〕選項。

Step.7 點選類型為〔101 年 3 月 14 日〕日期格式。

Step.8 按下〔**確定**〕按鈕。

2. 在 "訂單" 工作表上，格式化 G 欄 與 H 欄，貨幣格式為 NT$ 符號，並顯示 1 位小數。格式設定應套用在既有的與新增的資料列上。

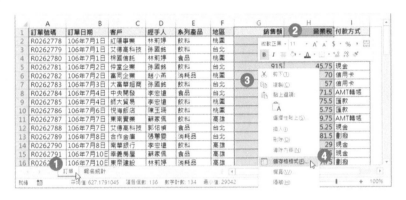

Step.1 點選 "訂單" 工作表。

Step.2 同時選取 G 欄與 H 欄。

Step.3 以滑鼠右鍵點按選取範圍。

Step.4 再從展開的快顯功能表中點選〔**儲存格格式**〕功能選項。

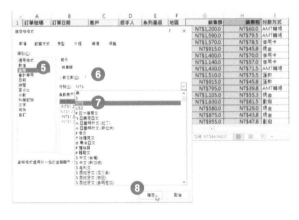

Step.5 開啟〔**儲存格格式**〕對話方塊並切換到〔**數值**〕索引頁籤，點選〔**貨幣**〕類別。

Step.6 設定小數位數為「1」。

Step.7 選擇貨幣符號為〔NT$〕。

Step.8 按下〔**確定**〕按鈕。

3. 在 "報名統計" 工作表的儲存格範圍 B3:B18 填滿週次（第 2 週到第 16 週），不要變更儲存格格式。

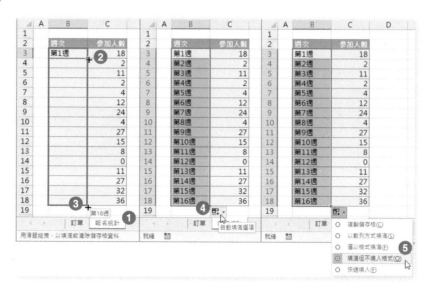

Step.1 點選 "報名統計" 工作表。

Step.2 點選儲存格 B3，並將滑鼠指標停在此儲存格右下方的填滿控點上（滑鼠指標將呈現小十字）。

Step.3 往下拖曳填滿控點至儲存格 B18，在此拖曳範圍填滿週次。

Step.4 點按右下方的〔**自動填滿選項**〕按鈕。

Step.5 從展開的下拉式功能選單中點選〔**填滿但不填入格式**〕功能選項。

4. 在"報名統計"工作表的儲存格範圍 C3:C18 新增資料驗證規則,設定當使用者輸入了小於 1 或大於 40 或帶有小數點的數字時,便顯示"停止"的錯誤訊息,而錯誤訊息的標題為"容量有限"、訊息的內容為"不得超過 40 人"。

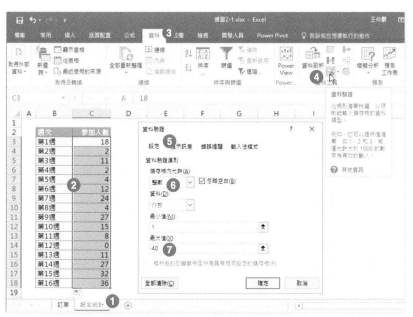

Step.1 點選 "報名統計" 工作表。

Step.2 點選儲存格範圍 C3:C18。

Step.3 點按〔**資料**〕索引標籤。

Step.4 選按〔**資料工具**〕群組中的〔**資料驗證**〕命令按鈕。

Step.5 開啟〔**資料驗證**〕對話方塊,點按〔**設定**〕索引頁籤。

Step.6 點選儲存格內允許〔**整數**〕。

Step.7 選擇資料〔**介於**〕最小值:1、最大值:40。

Step.8 點按〔錯誤提醒〕索引頁籤。

Step.9 選擇錯誤提醒樣式為〔**停止**〕。

Step.10 輸入錯誤訊息的標題文字為 "容量有限"、輸入錯誤提醒的訊息為 "不得超過40人"。

Step.11 按下「確定」鈕。

2-2 　套用進階設定格式化的條件和條件式篩選

在各式各樣的數據性資料報表中，將數值資料以更直覺、更醒目的方式來表現，即可在密密麻麻的數據中，呈現出資料的重點、傳達所要強調的訊息，此時，〔**設定格式化的條件**〕所提供的〔**醒目提示儲存格規則**〕、〔**頂端／底端項目規則**〕、〔**資料橫條**〕、〔**色階**〕、〔**圖示集**〕等功能選項，將是您最好的幫手。

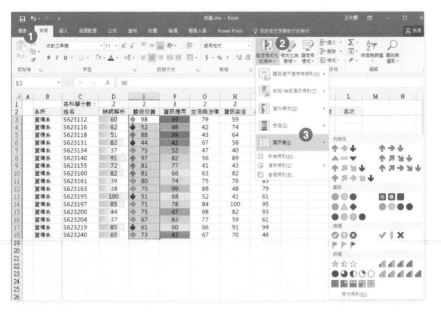

Step.1
點按〔**常用**〕索引標籤。

Step.2
點按〔**樣式**〕群組裡的〔**設定格式化的條件**〕命令按鈕。

Step.3
從展開的功能選單中可以點選各種格式化規則。

2-2-1　建立自訂設定格式化的條件規則[*]

〔**醒目提示儲存格規則**〕、〔**頂端／底端項目規則**〕、〔**資料橫條**〕、〔**色階**〕與〔**圖示集**〕都是非常容易操作的預設格式化條件，但更可貴的是，您也可以自行新增自訂規則，客製化所需的格式，以更彈性的自訂條件化格式，來探索及分析資料，或者進行重要問題的偵測。

在自訂規則也就是新增格式化規則的對話操作上，提供了以下六種規則類型：

➤ 根據其值格式化所有儲存格

➤ 只格式化包含下列的儲存格

➤ 只格式化排在最前面或最後面的值

➤ 只格式化高於或低於平均的值

➤ 只格式化唯一或重複的值

➤ 使用公式來決定要格式化哪些儲存格

每一種規則類型都備有不同的編輯規則說明，可供您訂定各種規則的條件準則與格式化設定。

這是「根據其值格式化所有儲存格」規則類型的編輯規則說明之對話操作選項。

完成格式化的條件設定後，您會發現工作表上資料範圍的顯示效果的確是多采多姿，不同的數據大小即以不同的字型色彩與字型樣式來表達，如此的報表讓人一目瞭然，清楚的表達出報表所要傳達的目的與數據所代表的意義。

TIPS & TRICKS

▶由於使用〔設定格式化的條件規則管理員〕對話方塊，可以建立、編輯、刪除及檢視活頁簿中的所有設定格式化條件規則，所以，若有兩個以上的設定格式化條件規則套用至同一個範圍儲存格中，則會依照規則在此對話方塊中所列出的優先順序來評估這些規則。

▶當兩個規則不衝突時，兩個規則都會套用；當兩個規則有所衝突時，只會套用其中一個規則，而所套用的規則便是具有較高優先順序的規則。

2-2-2 建立使用公式之設定格式化的條件規則*****

彈性與客製化正是使用 Excel 製作各種報表的關鍵之一，在格式化條件的設定上，資料的比對可以指定與指定數值的關係，例如：指定小於「60」的分數即格式化為紅字；此外，也可以透過公式的設計，讓條件的比對可以根據設定的公式之運算結果而產生不同的效果，例如：設定大於平均值的分數即格式化為藍字（平均值便是公式運算出來的，只要數據有所異動，新的平均值也將重新產生）。因此，學會使用公式來設定格式化的條件規則，將可以提升您格式化報表的能力。以下即以格式化儲存格範圍 C3:C23 為例，實際演練如何使用公式來設定格式化的條件規則。設定的格式化規則為每一位學生的平均成績（位於 K3:K20）若低於全部學生的平均成績之平均值時，學生的姓名（位於 C3:C23）將格式化為紅色粗體字。

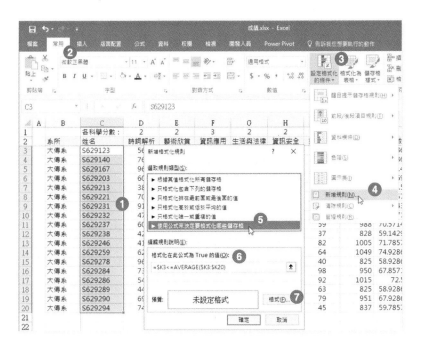

Step.1
選取儲存格範圍 C3:C20。

Step.2
點按〔常用〕索引標籤。

Step.3
點按〔樣式〕群組裡的〔設定格式化的條件〕命令按鈕。

Step.4
從展開的功能選單中點選〔新增規則〕功能選項。

Step.5 開啟〔新增格式化規則〕對話方塊,點選規則類型為〔使用公式來決定要格式化哪些儲存格〕選項。

Step.6 在編輯規則說明裡,「格式化在此公式為 True 的值」下方的文字方塊內鍵入公式「=$K3<=AVERAGE($K3:$K20)」。

Step.7 點按〔格式〕按鈕。

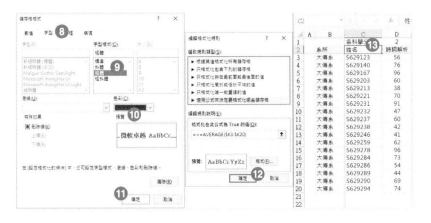

Step.8 開啟〔儲存格格式〕對話方塊,並點選〔字型〕索引頁籤。

Step.9 點選〔粗體〕字型樣式。

Step.10 點選字型色彩為紅色。

Step.11 點按〔確定〕按鍵。

Step.12 回到〔新增格式化規則〕對話方塊,點按〔確定〕按鈕。

Step.13 選取的範圍已經順利套用了剛剛建立的格式化規則。

2-2-3 管理設定格式化的條件規則＊＊

在工作表上，除了可以新增多項格式化條件規則外，也可以針對既有的格式化條件規則進行
編輯、刪除、調整格式化條件規則的套用順位、⋯等等與格式化條件規則相關的管理工作。

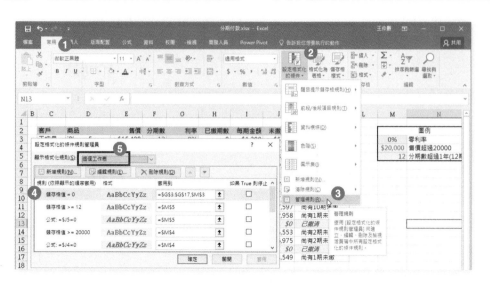

Step.1 點按〔**常用**〕索引標籤。

Step.2 點按〔**樣式**〕群組裡的〔**設定格式化的條件**〕命令按鈕。

Step.3 從展開的功能選單中點選〔**管理規則**〕。

Step.4 開啟〔**設定格式化的條件規格管理員**〕對話方塊，可選擇要顯示的格式化規則。

Step.5 亦可進行各項規則的新增、編輯、刪除與調整順序等規則管理。

實作
練習 ●●●●●●●●●●●●●●●●●●●●●●

> 開啟〔**練習** 2-2.xlsx〕活頁簿檔案：

1. 在 "地區交易" 工作表的 E 欄套用設定格式化的條件，使得當數值大於或
等於 150,000 時，顯示綠旗幟圖示；當數值大於或等於 100,000 且低於
150,000 時，顯示黃旗幟圖示；當數值低於 100,000 時，則顯示紅旗幟圖
示。格式設定應套用在 E 欄裡新增或既有的資料列上。

解

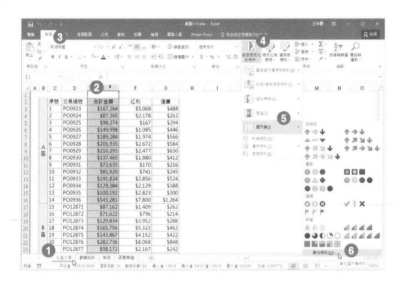

Step.1 點選 "地區交易" 工作表。

Step.2 選取整個 E 欄。

Step.3 點按〔**常用**〕索引標籤。

Step.4 點按〔**格式**〕群組裡的〔**設定格式化的條件**〕命令按鈕。

Step.5 從展開的功能選單中點選〔**圖示集**〕功能選項。

Step.6 再從展開的副功能選單中點選〔**其他規則**〕選項。

Step.7 開啟〔**新增格式化規則**〕對話方塊，選擇圖示集為〔**三旗幟**〕選項。

Step.8 針對綠色旗幟圖示選擇〔**數值**〕類型，輸入值為「150000」。

Step.9 針對黃色旗幟圖示選擇〔**數值**〕類型，輸入值為「100000」。

Step.10 點按〔**確定**〕按鈕。

2. 在"地區交易"工作表上，對儲存格範圍 D3:D24 套用設定格式化的條件規則，使得紅利金額超過 $2000 的交易編號可以填滿以下的 RGB 色彩："254"，"216"，"206"。

Step.1 點選"地區交易"工作表。

Step.2 選取儲存格範圍 D3:D24。

Step.3 點按〔**常用**〕索引標籤。

Step.4 點按〔**格式**〕群組裡的〔**設定格式化的條件**〕命令按鈕。

Step.5 從展開的功能選單中點選〔**新增規則**〕功能選項。

Step.6 開啟〔**新增格式化規則**〕對話方塊，點選規則類型為〔**使用公式來決定要格式化哪些儲存格**〕選項。

Step.7 在編輯規則說明裡，「格式化在此公式為 True 的值」下方的文字方塊內鍵入公式「=$F3>2000」。

Step.8 點按〔**格式**〕按鈕。

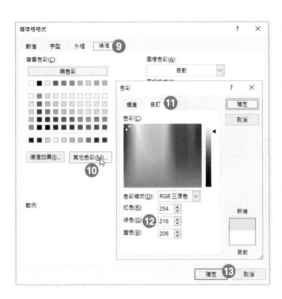

Step.9 開啟〔**儲存格格式**〕對話方塊，並點選〔**填滿**〕索引頁籤。

Step.10 點按背景色彩底下的〔**其他色彩**〕按鈕。

Step.11 開啟〔**色彩**〕對話方塊，點選〔**自訂**〕索引頁籤。

Step.12 設定色彩三原色為：紅色 254、綠色 216、藍色 206。然後按下〔**確定**〕按鈕。

Step.13 回到〔**儲存格格式**〕對話方塊，點按〔**確定**〕按鈕。

Step.14 回到〔**新增格式化規則**〕對話方塊，點按〔**確定**〕按鈕。

Step.15 完成交易編號欄的格式化設定。

3. 在 "參觀統計" 工作表上，針對整個資料列套用格式化的條件，規則是 "本國參觀人數" 大於 "總人數" 的 40% 時，套用粗體字型樣式並變更字型顏色為 RGB "255"，"20"，"20"。

Step.1 點選 " 參觀統計 " 工作表。

Step.2 選取儲存格範圍 B3:G42。

Step.3 點按〔**常用**〕索引標籤。

Step.4 點按〔**樣式**〕群組裡的〔**設定格式化的條件**〕命令按鈕。

Step.5 從展開的功能選單中點選〔**新增規則**〕功能選項。

Step.6 開啟〔**新增格式化規則**〕對話方塊，點選〔**使用公式來決定要格式化哪些儲存格**〕選項。

Step.7 輸入格式化公式為「=$E3>$G3*0.4」。

Step.8 點按〔**格式**〕按鈕。

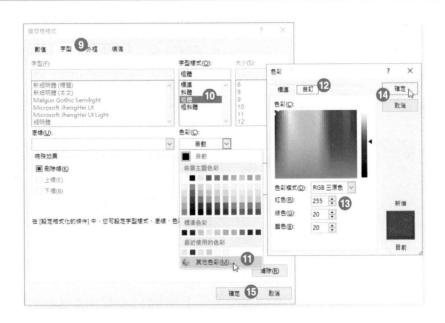

Step.9 開啟〔**儲存格格式**〕對話方塊，點選〔**字型**〕索引頁籤。

Step.10 點選〔**粗體**〕字型樣式

Step.11 點選字型色彩裡的〔**其他色彩**〕。

Step.12 開啟〔**色彩**〕對話方塊，點按〔**自訂**〕索引頁籤。

Step.13 輸入紅色為「255」、綠色為「20」、藍色為「20」。

Step.14 點按〔**確定**〕按鈕，結束字型色彩的設定。

Step.15 回到〔**儲存格格式**〕對話方塊，點按〔**確定**〕按鈕。

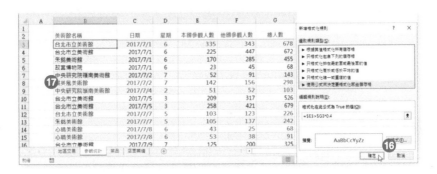

Step.16 回到〔**新增格式化規則**〕對話方塊，點按〔**確定**〕按鈕。

Step.17 完成儲存格格式化的設定。

4. 在"茶品"工作表上,修改套用在儲存格範圍 C4:C11 的設定格式化的條件
   規則,使用內建規則來設定所有數值高於整欄的平均值時顯示紅色字型色
   彩、粗體字格式。

Step.1 點選"茶品"工作表。

Step.2 選取儲存格範圍 C4:C11。

Step.3 點按〔**常用**〕索引標籤。

Step.4 點按〔**樣式**〕群組裡的〔**設定格式化的條件**〕命令按鈕。

Step.5 從展開的格式化條件選單中點選〔**管理規則**〕功能選項。

Step.6 開啟〔**設定格式化的條件規則管理員**〕對話方塊，點選已經設定好的規則。

Step.7 點按〔**編輯規則**〕按鈕。

Step.8 開啟〔**編輯格式化規則**〕對話方塊，點選〔**只格式化高於或低於平均的值**〕選項。

Step.9 選擇〔**高於**〕。

Step.10 點按〔**格式**〕按鈕。

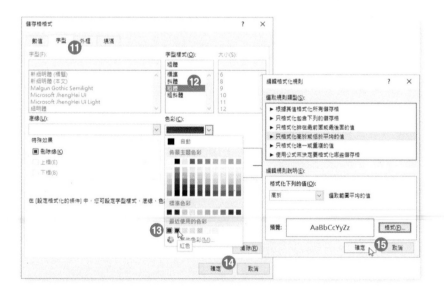

Step.11 開啟〔**儲存格格式**〕對話方塊，點選〔**字型**〕索引頁籤。

Step.12 選擇〔**粗體**〕字型樣式。

Step.13 點選字型色彩為〔**紅色**〕。

Step.14 點按〔**確定**〕按鈕。

Step.15 回到〔**編輯格式化規則**〕對話方塊，點按〔**確定**〕按鈕。

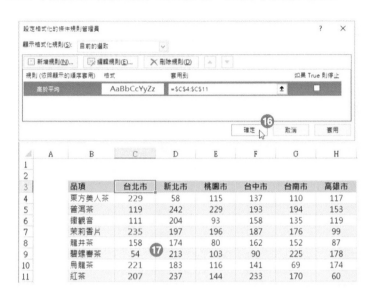

Step.16 回到〔**設定格式化的條件規則管理員**〕對話方塊，點按〔**確定**〕按鈕。

Step.17 完成儲存格格式化的編輯。

5. 在 "茶品" 工作表上,若所有縣市銷售量之平均值小於 150,則將儲存格範
   圍 B4:B11 填滿 "紅色" 圖樣色彩以及 "50% 灰色" 的圖樣樣式。

解

Step.1 點選 "茶品" 工作表。

Step.2 選取儲存格範圍 B4:B11。

Step.3 點按〔**常用**〕索引標籤。

Step.4 點按〔**樣式**〕群組裡的〔**設定格式化的條件**〕命令按鈕。

Step.5 從展開的功能選單中點選〔**新增規則**〕功能選項。

Step.6 開啟〔**新增格式化規則**〕對話方塊,點選規則類型為〔**使用公式來決定要
   格式化哪些儲存格**〕選項。

Step.7 在編輯規則說明裡,「格式化在此公式為 True 的值」下方的文字方塊內鍵
   入公式「=AVERAGE($C4:$H4)<150」。

Step.8 點按〔**格式**〕按鈕。

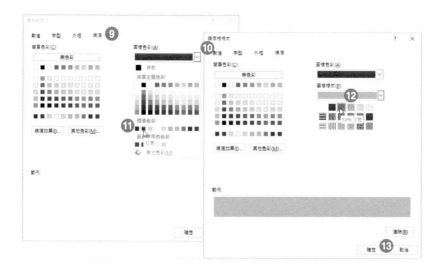

Step.9 開啟〔**儲存格格式**〕對話方塊，並點選〔**填滿**〕索引頁籤。

Step.10 點按圖樣色彩選項按鈕。

Step.11 從展開的色盤選項中點選〔**紅色**〕。

Step.12 點選圖樣樣式為〔50% 灰色〕。

Step.13 點按〔**確定**〕按鈕。

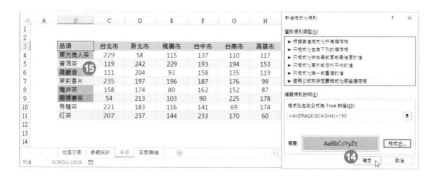

Step.14 回到〔**新增格式化規則**〕對話方塊，點按〔**確定**〕按鈕。

Step.15 完成格式化條件的設定。

6. 在 "店面業績" 工作表上所有設定格式化的條件。

解

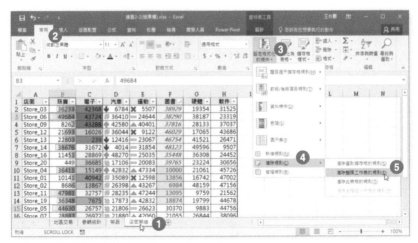

Step.1 點選 "店面業績" 工作表索引標籤。

Step.2 點按〔**常用**〕索引標籤。

Step.3 點按〔**樣式**〕群組裡的〔**設定格式化的條件**〕命令按鈕。

Step.4 從展開的格式化條件選單中點選〔**清除規則**〕功能選項。

Step.5 再從展開的副選單中點選〔**清除整張工作表的規則**〕。

	A	B	C	D	E	F	G	H	I
1	店面	珠寶	電子	汽車	運動	圖書	硬體	軟件	
2	Store_03	36233	42368	6784	5507	38929	19354	31525	
3	Store_06	49684	43724	36410	24644	38290	38187	23319	
4	Store_09	8262	43288	42580	40401	37816	28133	37037	
5	Store_12	21693	16026	36044	9122	46029	17065	43686	
6	Store_13	22803	239	12416	23067	46754	41521	26471	
7	Store_14	38676	31672	4014	31854	48123	49596	9507	
8	Store_16	11451	28869	48270	25035	35448	36308	24452	
9	Store_20	449	36685	17106	20083	39765	23224	30656	
10	Store_04	36411	15149	42832	47334	10000	21061	45726	
11	Store_01	10141	40942	35089	12598	13856	16742	47002	
12	Store_02	8686	13867	26398	43267	6984	48159	47156	
13	Store_11	47981	32757	28235	47244	13095	9759	21562	
14	Store_19	36348	7675	17873	42832	18874	19799	44678	
15	Store_05	44630	26757	21806	26623	30370	9883	44756	
16	Store_07	28883	26972	21880	42060	21055	26844	38096	

Step.6 此工作表上曾有的格式化設定已經清除。

2-3　建立及修改自訂活頁簿元素

我們可以透過「樣式」將儲存格的「格式外觀」命名。將來可以使用樣式來設定活頁簿的格式，因此您可以快速簡單地將一組格式設定一致地套用到整個活頁簿中。除了上述的優點外，您也可以直接修改樣式的設定，在修改完成後活頁簿中套用樣式儲存格會立即更新。

2-3-1　建立及修改自訂佈景主題 *

佈景主題含括了色彩、字型與效果等三大格式設定，使用者可以根據需求建立與修改這些佈景主題格式，以建構出所需的標準化視覺格式。

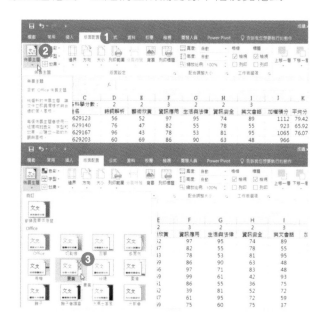

Step.1

點按〔版面配置〕索引標籤。

Step.2

點按〔佈景主題〕群組裡的〔佈景主題〕命令按鈕。

Step.3

選擇〔要素〕佈景主題。

在重新設定佈景主題的色彩、字型或效果後，亦可將修改的成果儲存成另一個佈景主題檔案，達成客製化佈景主題的目的。而佈景主題的副檔案名稱為〔.thmx〕。

Step.1 點按〔**版面配置**〕索引標籤。

Step.2 點按〔**佈景主題**〕群組裡的〔**佈景主題**〕命令按鈕。

Step.3 從展開的佈景主題選單中點選〔**儲存目前的佈景主題**〕功能選項。

Step.4 開啟〔**儲存目前的佈景主題**〕對話方塊,即可輸入自訂的佈景主題檔案名稱。

Step.5 點按〔**儲存**〕按鈕。

2-3-2 建立自訂色彩格式 *

在此節將瞭解如何建立與修改活頁簿的佈景主題色彩,讓活頁簿的外觀與視覺效果更有可看性與標準化。例如:建立一個名為「暖色系」的佈景主題色彩,並自訂「輔色 1」的色彩為「紅色:255 綠色:155 藍色:55」。

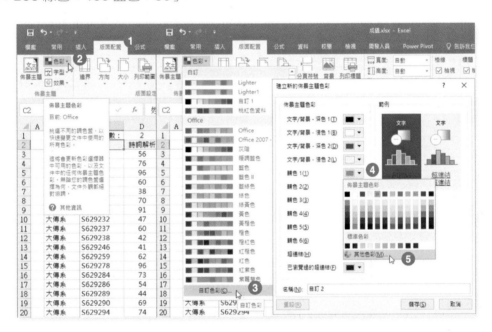

Step.1 點按〔**版面配置**〕索引標籤。

Step.2 選按〔**佈景主題**〕群組裡的〔**色彩**〕命令按鈕。

Step.3 從展開的下拉式選單中點選〔**自訂色彩**〕功能。

Step.4 開啟〔**建立新的部景主題色彩**〕對話方塊,點按「輔色 1」選項按鈕。

Step.5 從展開的色盤選單中點選〔**其他色彩**〕選項。

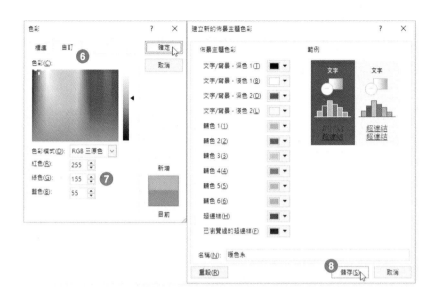

Step.6 開啟〔**色彩**〕對話方塊，點按〔**自訂**〕索引頁籤。

Step.7 設定以下色彩數值：紅色：255、綠色：155、藍色：55，然後，點按〔**確定**〕按鈕。

Step.8 回到〔**建立新的佈景主題色彩**〕對話方塊，在名稱文字方塊裡輸入「暖色系」，然後，點按〔**確定**〕按鈕。

爾後在工作表版面配置的色彩套用上，便多了〔**暖色系**〕的色彩選擇：

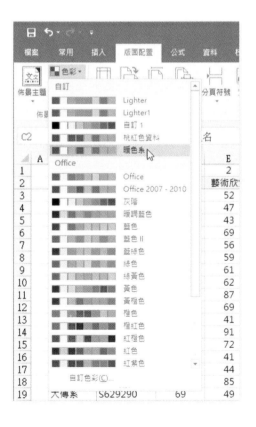

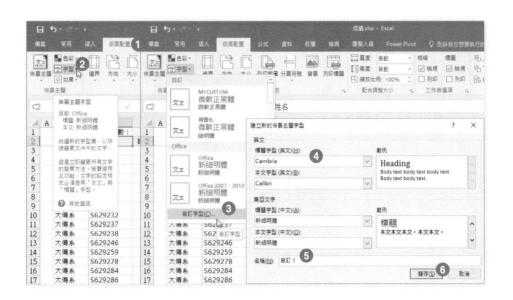

Step.1 點按〔**版面配置**〕索引標籤。

Step.2 選按〔**佈景主題**〕群組裡的〔**字型**〕命令按鈕。

Step.3 從展開的下拉式選單中點選〔**自訂字型**〕功能。

Step.4 開啟〔**建立新的佈景主題字型**〕對話方塊，點選所要套用的中、英文字型。

Step.5 在〔**名稱**〕文字方塊裡輸入自訂的字型名稱。

Step.6 點按〔**儲存**〕按鈕。

佈景主題裡的〔**效果**〕掌控著圖形物件的陰影、陰影色彩、網底、框線等等格式效果，透過現成的效果套用，將可豐富工作表上圖形物件的視覺效果。

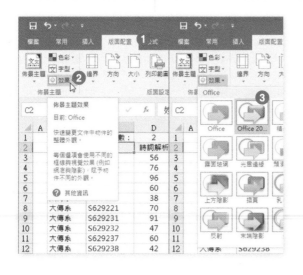

Step.1
點按〔**版面配置**〕索引標籤。

Step.2
選按〔**佈景主題**〕群組裡的〔**效果**〕令按鈕。

Step.3
從展開的下拉式選單中點選所要套用的效果格式。

2-3-3 建立及修改儲存格樣式 *

儲存格的格式化項目包含了儲存格字體、字型、字的顏色、字的大小，以及儲存格的色彩、底色、樣式、框線、圖樣、對齊、數值性資料格式等設定，除了可以個別進行各項設定外，也可以針對一致性的需求建立儲存格樣式（Style），所謂的儲存格樣式即包含使用者自訂所需的格式設定，以建立格式標準化。爾後讓其他的儲存格範圍也能夠輕鬆套用所建立的儲存格樣式，以避免重複進行相同格式化操作的不便。

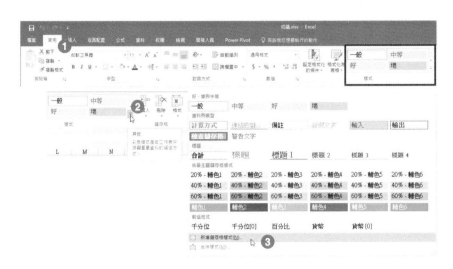

Step.1　點按〔**常用**〕索引標籤。

Step.2　點按〔**樣式**〕群組裡的〔**其他**〕按鈕。

Step.3　從展開的樣式選單中點選〔**新增儲存格樣式**〕功能選項。

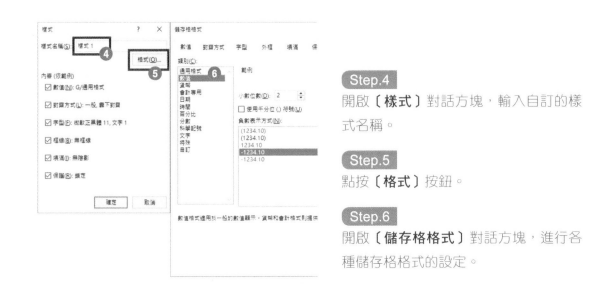

Step.4
開啟〔**樣式**〕對話方塊，輸入自訂的樣式名稱。

Step.5
點按〔**格式**〕按鈕。

Step.6
開啟〔**儲存格格式**〕對話方塊，進行各種儲存格格式的設定。

爾後若需修改某一個儲存格樣式，只要以滑鼠右鍵點按一下功能區裡〔**樣式**〕群組內的樣式名稱，再從展開的快顯功能表中點選〔**修改**〕功能選項，即可再次進入〔**樣式**〕對話方塊的操作，以進行儲存格格式的修訂。

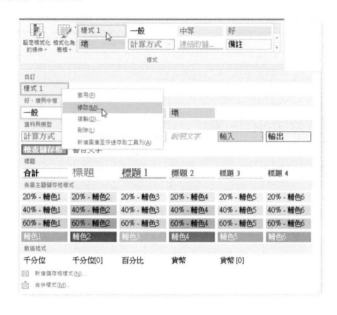

2-3-4 建立及修改簡單巨集

巨集是將想要執行的各項工作表操作，逐一進行操作且錄製這些操作，並自動轉換為 VBA 程式碼，爾後要再度執行相同的這些工作表操作時，只要再度呼叫（執行）這個巨集即可自動完成，因此，巨集可以說是自動化工作表操作時，不可或缺的元素。

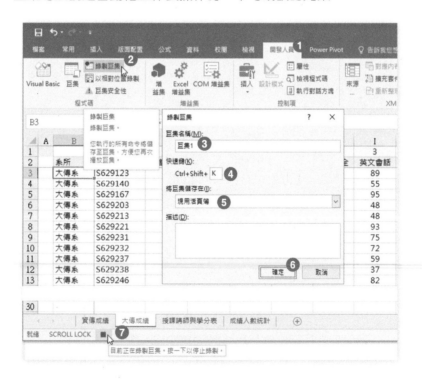

Step.1 點按〔**開發人員**〕索引標籤。

Step.2 點按〔**程式碼**〕群組裡的〔**錄製巨集**〕命令按鈕。

Step.3 開啟〔**錄製巨集**〕對話方塊,輸入自訂的巨集名稱。

Step.4 可以設定巨集的快速按鍵。

Step.5 可以選擇巨集的儲存位置。

Step.6 點按〔**確定**〕按鈕即可進入錄製狀態,所有的操作都將被錄製起來。

完成巨集的錄製後,可以點按畫面下方的停止錄製按鈕,亦可點按〔**程式碼**〕群組裡的〔**停止錄製**〕命令按鈕,爾後便可以重複執行或編輯該巨集程式。

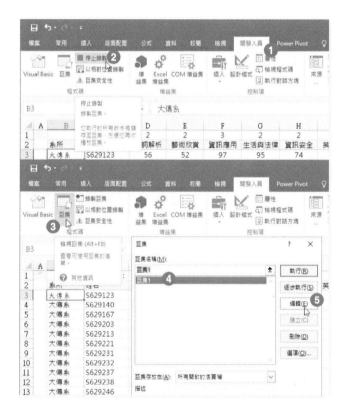

Step.1
點按〔**開發人員**〕索引標籤。

Step.2
點按〔**程式碼**〕群組裡的〔**停止巨集**〕命令按鈕,可以立即結束巨集的錄製。

Step.3
點按〔**程式碼**〕群組裡的〔**巨集**〕命令按鈕。

Step.4 立刻開啟〔**巨集**〕對話方塊,在此可以看到所錄製的巨集清單,點選想要執行的巨集名稱後,點按右側的〔**執行**〕按鈕,即可執行該巨集程式碼。

Step.5 待點按〔**編輯**〕按鈕,即可開啟〔Visual Basic for Application **編輯視窗**〕,進行巨集程式碼的編輯。

在〔Visual Basic for Application 編輯視窗〕裡可以看到所錄製的巨集程式碼，位於〔模組〕資料夾內，可以根據需要進行 VBA 程式碼的編撰。

不過，要注意的是：包含巨集程式碼的活頁簿檔案，可不能儲存成 .xlsx 的活頁簿檔案格式喔！必須儲存為〔Excel 啟用巨集的活頁簿〕才能保有巨集程式碼，而此檔案格式的副檔案名稱為 .xlsm。

2-3-5　插入及設定表單控制項*

在編輯 Word 表單文件、設計 Access 資料庫表單，或者規劃設計含有表單元素的網頁時，表單控制項（Control）一直是基本的材料與元素，而現在，你也可以在工作表上增加表單控制項，甚至設定這些表單控制項可以與工作表上的儲存格進行連結或互動，提升工作表的表單設計能力與實用性。

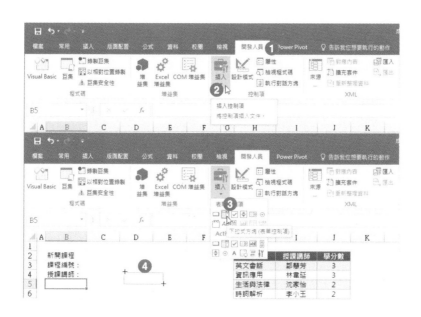

Step.1　點按〔**開發人員**〕索引標籤。

Step.2　點按〔**控制項**〕群組裡的〔**插入**〕命令按鈕。

Step.3　從展開的功能選單中點選所要使用的控制項，例如：點選〔**下拉式方塊（表單控制項）**〕。

Step.4　在工作表上拖曳一個矩形方塊，形成控制項的面積大小。

Step.5 點選剛剛產生的〔**下拉式方塊（表單控制項）**〕。

Step.6 點按〔**控制項**〕群組裡的〔**屬性**〕命令按鈕。

Step.7 隨即開啟該控制項物件的格式對話方塊，在此可以設定控制項的大小、替代文字，以及想要控制的選項設定。例如：點選〔**控制**〕索引頁籤。

Step.8 設定此〔**下拉式方塊（表單控制項）**〕的選單內容來自工作表的範圍 I3:I9。

Step.9 設定此〔**下拉式方塊（表單控制項）**〕的選擇內容可以連結至工作表的 C4 儲存格。

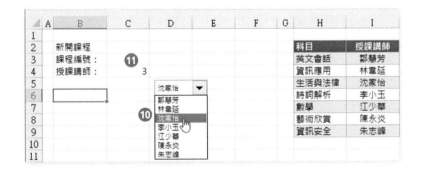

Step.10 完成〔**下拉式方塊（表單控制項）**〕的屬性設定後，點按下拉式選項按鈕，便可選擇內容（此例為授課講師名單）。

Step.11 選擇的內容結果（是索引值，並非授課講師姓名）會呈現在指定的連結儲存格內（此例為 C4）。

➤ 開啟〔**練習** 2-3.xlsx〕活頁簿檔案：

1. 建立新的自訂色彩，調整輔色 1 選項的色彩為 RGB "144"、"60"、"195"。
   並將自訂色彩命名為 "紫色風暴"。

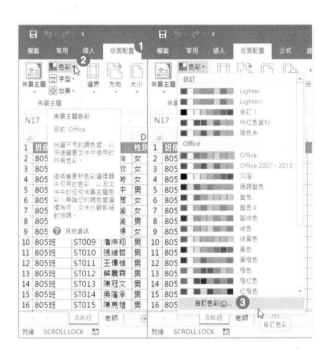

Step.1 點按〔**版面配置**〕索引標籤。

Step.2 點按〔**佈景主題**〕群組裡的〔**色彩**〕命令按鈕。

Step.3 從展開的色彩選單中點選〔**自訂色彩**〕功能選項。

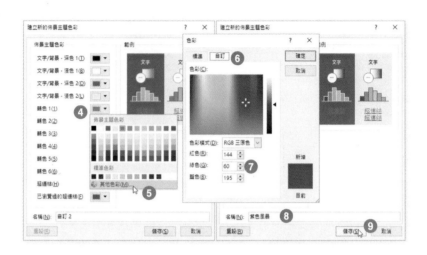

Step.4 開啟〔**建立新的佈景主題色彩**〕對話方塊,點選〔**輔色 1**〕的色彩按鈕。

Step.5 從展開的色彩選單中點選〔**其他色彩**〕選項。

Step.6 開啟〔**色彩**〕對話方塊,點選〔**自訂**〕索引頁籤。

Step.7 設定色彩三原色為:紅色 144、綠色 60、藍色 195"。然後按下〔**確定**〕按鈕。

Step.8 回到〔**建立新的佈景主題色彩**〕對話方塊,點選名稱文字方塊,輸入此自訂色彩的名稱為「**紫色風暴**」。

Step.9 點按〔**儲存**〕按鈕。

2. 修改 "MyCustom" 樣式加上紫色雙線底線框與粗體字型。

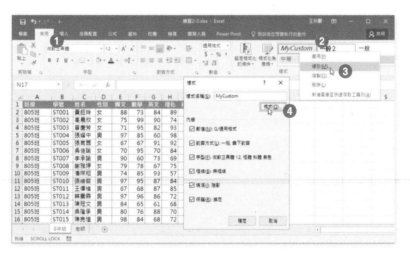

Step.1 點按〔**常用**〕索引標籤。

Step.2 以滑鼠右鍵點按〔**樣式**〕群組裡的〔MyCustom〕樣式名稱。

Step.3 從展開的快顯功能表中點選〔**修改**〕功能選項。

Step.4 開啟〔**樣式**〕對話方塊,點按〔**格式**〕按鈕。

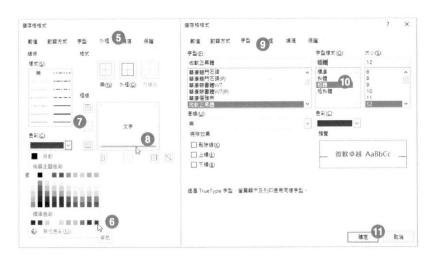

Step.5 開啟〔**儲存格格式**〕對話方塊,點按〔**外框**〕索引頁籤。

Step.6 點選紫色色彩。

Step.7 點選雙底線樣式。

Step.8 點按底部外框位置。

Step.9 點按〔**字型**〕索引頁籤。

Step.10 點選〔**粗體**〕字型樣式。

Step.11 點按〔**確定**〕按鈕。

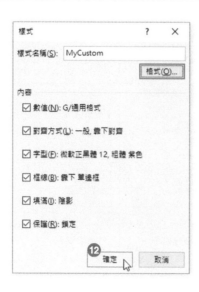

Step.12 回到〔**樣式**〕對話方塊，點按〔**確定**〕
按鈕。

3. 變更佈景主題色彩為紅紫色並儲存佈景主題至預設的資料夾路徑，且檔案名
   稱命名為 "亮麗紫紅"。

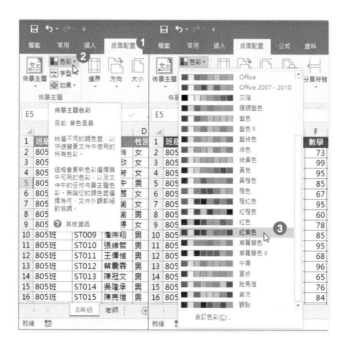

Step.1 點按〔**版面配置**〕索引標籤。

Step.2 點按〔**佈景主題**〕群組裡的〔**色彩**〕命令按鈕。

Step.3 從展開的版面配置色彩清單中點選〔**紅紫色**〕。

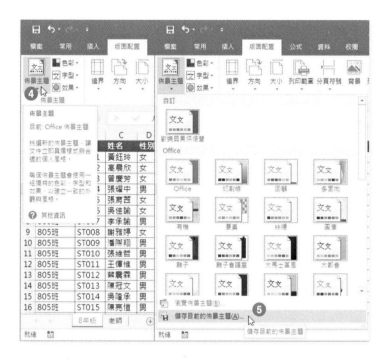

Step.4 點按〔**佈景主題**〕群組裡的〔**佈景主題**〕命令按鈕。

Step.5 從展開的佈景主題清單中點選〔**儲存目前的佈景主題**〕功能選項。

Step.6 開啟〔**儲存目前的佈景主題**〕對話方塊,預設路徑為 Document Themes,不須改變預設路徑。

Step.7 輸入佈景主題檔案名稱「亮麗紫紅」。

Step.8 點按〔**儲存**〕按鈕。

4. 在 "8 年級" 工作表上插入一個可以連結至儲存格 M2 的下拉式方塊控制項，
   此控制項應顯示來自 "老師" 工作表 B 欄裡的六個姓名。

解

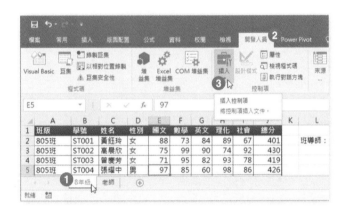

Step.1 點選 "8 年級" 工作表。

Step.2 點按〔**開發人員**〕索引標籤。

Step.3 點按〔**控制向**〕群組裡的〔**插入**〕命令按鈕。

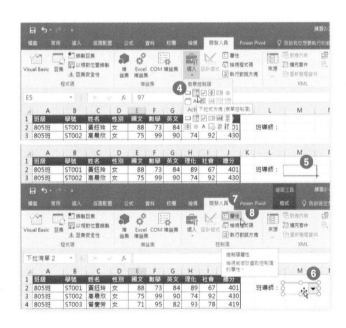

Step.4 從展開的下拉式功能選單中點選〔**下拉式方塊（表單控制項）**〕選項。

Step.5 滑鼠游標移至工作表上拖曳此下拉式方塊的大小至長方形。

Step.6 點選下拉式方塊矩形控制項按鈕。

Step.7 點按〔**開發人員**〕索引標籤。

Step.8 點按〔**屬性**〕命令按鈕。

Step.9 開啟〔**控制項格式**〕對話方塊，點按〔**控制**〕索引頁籤。

Step.10 點按〔**輸入範圍**〕文字方塊。

Step.11 點按 "老師" 工作表。

Step.12 畫面切換到 "老師" 工作表，選取儲存格範圍 B2:B7。

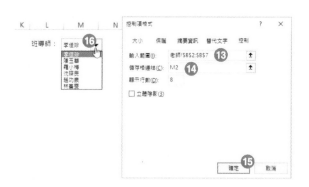

Step.13 點〔**控制項格式**〕對話方塊〔**控制**〕索引頁籤裡的〔**輸入範圍**〕文字方塊裡已經順利參照到 "老師" 工作表的儲存格範圍 B2:B7。

Step.14 在儲存格連結文字方塊裡輸入「M2」。

Step.15 然後，點按〔**確定**〕按鈕。

Step.16 完成下拉式表單控制項的屬性設定後，點按此下拉式選單控制項按鈕，即可展開選項清單的挑選。

2-4 為國際化準備活頁簿

為了讓不同背景、需求與各國人士都可以輕鬆無界限的使用活頁簿，Excel 2016 提供了許多輔助功能與協助工具。例如：多國語系的介面設定、檢查協助工具、插入各國語系符號、…等等，讓活頁簿的製作更有世界觀。

2-4-1 顯示多種國際格式的資料

有許多鍵盤並未提供的符號，或是他國語系慣用的文字符號，不論是希臘文字、羅馬文字、數學符號、普科符號、…在〔符號〕對話方塊的協助下，都可以輕易的插入工作表中。

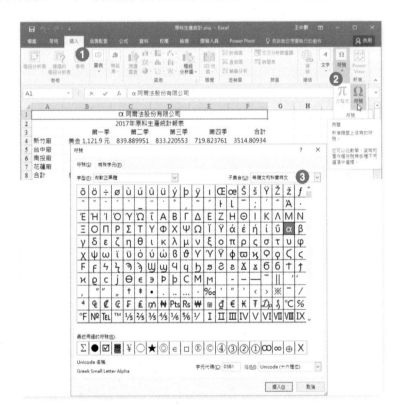

Step.1 編輯儲存格內容時，可以點按〔插入〕索引標籤。

Step.2 點按〔符號〕命令按鈕，可以開啟〔符號〕對話方塊。

Step.3 點選子集合，選擇所需的字元表。

此外，在 Windows 作業系統的控制台中，可以透過〔**地區**〕選項，藉由國別地區的選擇，自動調整符合各國習性的日期與時間之輸入格式。

TIPS & TRICKS

在 Office 2016 家族系列的應用程式中，提供〔**校閱**〕索引標籤，包含了與協同作業相關的工具，其中，〔**校訂**〕、〔**中文繁簡轉換**〕、〔**語言**〕等功能，讓您更容易地將活頁簿內容國際化。例如：繁簡體的轉換僅在一瞬間。

2-4-2 套用國際貨幣格式 *

在儲存格格式化的設計上，針對數值性資料的貨幣格式設定，Excel 提供了全球所有國別的幣別符號，讓您可以輕鬆套用在工作表上。

試算表的工作，除了輸入資料、建立公式外，更提供了資料蒐集、整合與儲存的環境，
進行資料的查詢、比對等常態性的任務，以加速資料查核的準確性，而這方面的作業，
將由 Excel 函數來完成，例如：IF 判斷函數、邏輯函數、條件式統計函數，以及常用的
參照與查詢函數，LOOKUP、VLOOKUP、HLOOKUP、MATCH、INDEX 等等。此外，
公式的稽核與疑難排除與範圍名稱定義和管理，也是進階使用 Excel 重要技能。

3-1　在公式中套用函數

Excel 提供許多不同用途與功能的函數，在公式中套用適當的函數將可以迅速判斷、運算所要的邏輯與程序，以傳回所需的試算和結果。

3-1-1　條件判斷函數 IF ****

公式的運算常常會有多種可能性，例如：不同的狀態會期望有不同的計算方式，此時，IF 函數將是您最大的幫手。IF 是條件判斷函數，可用於建立多種運算式，然後自動判斷條件狀況後，擇其一來執行運算式。此函數的語法規則為：

=IF（logical_test,value_if_true,value_if_false）

也就是：

=IF（條件式，條件式成立時要執行的運算式，條件式不成立時要執行的運算式）

例如：每一位業務員的獎金是根據其交易金額多寡來計算，假設交易金額高於（含）3 萬，則獎金是以交易金額的 **3.5%** 來計算；如果交易金額低於（不含）3 萬，則獎金只能以交易金額的 **1.5%** 來計算，因此，交易金額愈高獎金就愈多囉！以此準則為圭臬，則獎金計算公式透過 IF 函數可以寫成：

=IF（交易金額 >=30000, 交易金額 *0.035, 交易金額 *0.015）

3-1-2　使用 AND、OR 與 NOT 函數執行邏輯運算 ****

數學算式上，有基本的加、減、乘、除等四則運算，複雜一點的便是平方、次方、開根號等計算囉！至於在邏輯值的運算上，則有 AND、OR、NOT 等常用的邏輯運算，在進行複雜或多方位條件判斷時，這些邏輯運算是非常有用的。

AND 邏輯函數

AND 邏輯函數稱之為「且」運算函數，其功能主要是運用在兩個以上的條件，進行是否同時成立的邏輯判斷。例如：給定兩個或兩個以上的條件，若這些條件「同時」成立，則 AND 的運算結果為 TRUE，否則，只要其中一個條件不成立，則 AND 的結果為 FALSE。

語法：=AND（條件判斷式 1, 條件判斷式 2,…）

例如：若要判斷客戶等級為銅級且交易金額超過 20000 以上的判斷式，對下列工作表範例而言，第一筆資料（儲存格 F3）可以寫成：

=AND（C3=" 銅級 ",E3>20000）

顯示為 True 即代表上述 AND 邏輯判斷的結果成立；顯示為 False 則表示 AND 邏輯判斷的結果成立。

	A	B	C	D	E	F	G
1							
2	日期	客戶代碼	客戶等級	經手人	交易金額	銅級2萬以上的交易金額	
3	2017/1/3	H0105	銅級	A007	$1,031	=AND(C3="銅級",E3>20000)	
4	2017/1/5	H0214	金級	A006	$22,546	FALSE	
5	2017/1/8	F0213	銅級	A008	$11,754	FALSE	
6	2017/1/11	F0214	銅級	A008	$26,363	TRUE	
7	2017/1/12	F0103	銀級	A005	$3,507	FALSE	
8	2017/1/17	F0101	金級	A006	$28,448	FALSE	
9	2017/1/22	H0102	銀級	A007	$12,005	FALSE	
10	2017/1/30	F0102	銀級	A006	$14,830	FALSE	
11	2017/1/31	F0213	銅級	A003	$26,060	TRUE	
12	2017/2/4	H0101	銅級	A008	$10,184	FALSE	
13	2017/2/13	F0101	金級	A006	$29,524	FALSE	
14	2017/2/21	H0214	金級	A007	$30,054	FALSE	
15	2017/2/28	H0214	金級	A007	$32,070	FALSE	
16	2017/2/28	H0105	銅級	A003	$26,718	TRUE	
17	2017/3/4	F0101	金級	A003	$6,451	FALSE	
18	2017/3/4	F0214	銅級	A004	$13,766	FALSE	

OR 邏輯函數

OR 邏輯函數稱之為「或」運算函數，其功能主要是運用在兩個以上的條件，進行是否至少有一個條件成立的邏輯判斷。例如：給定兩個或兩個以上的條件，在這些條件裡只要其中有一個條件成立，則 OR 的運算結果為 TRUE，否則，當所有的條件都不成立時，OR 的運算結果即為 FALSE。

語法：=OR（條件判斷式 1, 條件判斷式 2,…）

例如：若要判斷客戶等級為 A 級，或者只要交易金額超過 20000 以上的判斷式，對下列工作表範例而言，第一筆資料（儲存格 F3）可以寫成：

=OR（C3=" 金級 ",E3>20000）

顯示為 True 即代表上述 OR 邏輯判斷的結果成立；顯示為 False 則表示 OR 邏輯判斷的結果成立。

NOT 邏輯函數

NOT 邏輯函數稱之為「反轉」運算函數，其功能主要是運用在將條件判斷的結果反轉為相對的另一種結果。例如：條件 A 的判斷結果若是 True，則 NOT（條件 A）即可傳回運算結果 False。反之，若條件 A 的判斷結果若是 False，則 NOT（條件 A）即可傳回運算結果 True。

語法：=NOT（條件判斷式）

3-1-3 使用巢狀函數執行邏輯運算＊＊

有時候，碰到一些複雜的條件判斷、多樣的運算式，同時要運用兩個以上的函數來計算是極為常有的事。當函數裡含括了其他函數的算式，即稱之為巢串式運算。以下所示範例為例，想要判斷每一筆交易是屬於 "優惠方案" 還是 "可調整方案"，而判斷的依據是：只要是金級或者銀級的客戶，且交易金額一定要超過 30000 以上，才是屬於 "優惠方案"，否則都是屬於 "可調整方案"。因此，可以撰寫函數：

=IF（AND（OR（C3=" 金級 ",C3=" 銀級 "），E3>30000），" 優惠方案 "," 可調整方案 "）

金級或銀級，而且交易金額超過 30000，顯示 "優惠方案"，否則顯示 "可調整方案"。

SUMIFS 函數

相較於舊版本的 Excel 函數功能，新版本的 Excel 提供了幾個更複雜的多重條件計算函數。傳統的條件式加總函數 SUMIF 可以只加總符合某特定準則的儲存格資料，不過，該函數裡的特定準則卻只能設定一組。如果您同時必須考量兩個以上的範圍並需要個別設定不同的評估準則，就得靠多重條件的加總函數 SUMIFS 的幫忙了。SUMIF 與 SUMIFS，多了一個 S 就差多喔！在 SUMIFS 函數裡您可以設定多組的 criteria range 參數來參照不同的範圍並且設定相同多組的 criteria 參數，為這些 range 參數所參照的範圍設定平準則條件。

SUMIF 函數可以將某範圍內符合多種準則的儲存格資料相加。其語法為：

SUMIFS（sum_range,criteria_range1,criteria1,criteria_range2,criteria2...）

參數說明：

➤ sum_range 參數是當每一組 Range 範圍裡的儲存格內容皆符合其對應的 criteria 準則之條件定義時，要實際進行加總的儲存格範圍。

➤ criteria_range1, criteria_range2, criteria_range3, ... 參數是欲進行評估的各組儲存格範圍。您可以定義多個範圍，至多 127 個範圍。每一個 criteria_range 範圍皆與每一個 criteria 參數裡所定義的準則條件進行評估比對。

➤ criteria1, criteria2,criteria3, ... 參數是您用來定義要進行加總的各個準則條件，最多也是 127 個準則，撰寫上，每一個 criteria 可以是數字、表示式或是文字，譬如：可以撰寫成 18、"18"、">18"、B2 或是 " 台北 "。每一個 criteria 參數對應著每一個 criteria_range 參數。

以下的範例將使用 SUMIFS 函數，計算 8 月份經手人為 A003（已經輸入在儲存格 H3 內）的總交易金額：

=SUMIFS（F3:F22, B3:B22,8,E3:E22,H3）

AVERAGEIFS 函數

既然有多重條件的加總函數 SUMIFS，當然也少不了多重條件的平均值函數 AVERAGEIFS 囉！使用上及語法上與 SUMIFS 大同小異，只是計算的方式一個是加總運算、一個是平均值運算。利用 AVERAGEIFS 函數可以將某範圍內符合多種準則條件的儲存格資料進行平均值（算術平均值）的計算。其語法為：

AVERAGEIFS（average_range,criteria_range1,criteria1,criteria_range2,criteria2…）

參數說明：

➤ average_range 是當每一組 Range 範圍裡的儲存格內容皆符合其對應的 criteria 準則之條件定義時，要實際進行平均值運算的儲存格範圍。

➤ criteria_range1, criteria_range2, criteria_range3, … 參數是欲進行評估的各組儲存格範圍。您可以定義多個範圍，至多 127 個範圍。每一個 criteria_range 範圍皆與每一個 criteria 參數裡所定義的準則條件進行評估比對。

➤ criteria1, criteria2,criteria3, … 參數是您用來定義要進行平均值運算的各個準則條件，最多也是 127 個準則，撰寫上，每一個 criteria 可以是數字、表示式或是文字，譬如：可以撰寫成 18、"18"、">18"、B2 或是 " 台北 "。每一個 criteria 參數對應著每一個 criteria_range 參數。

以下的範例將使用 AVERAGEIFS 函數，計算 8 月份銀級客戶平均交易金額：

=AVERAGEIFS（F3:F22, B3:B22,8,D3:D22,＂銀級＂）

	A	B	C	D	E	F	G	H	I	J	K
1											
2	日期	月份	客戶代碼	客戶等級	經手人	交易金額		8月份銀級客戶的平均交易金額：			
3	2017/7/2	7	F0213	銅級	A007	$29,830		=AVERAGEIFS(F3:F22,B3:B22,8,D3:D22,"銀級")			
4	2017/7/4	7	F0101	金級	A006	$47,757					
5	2017/7/7	7	F0102	銀級	A008	$15,260		8月份銀級客戶的平均交易金額：			
6	2017/7/10	7	H0214	金級	A008	$52,589		$41,835			
7	2017/7/11	7	H0214	金級	A005	$67,518					
8	2017/7/16	7	F0103	銀級	A006	$52,684					
9	2017/7/21	7	F0213	銅級	A007	$32,805					
10	2017/8/2	8	H0101	銅級	A006	$30,523					
11	2017/8/7	8	H0102	銀級	A003	$41,835					
12	2017/8/13	8	F0101	金級	A008	$41,289					
13	2017/8/13	8	F0214	銅級	A006	$41,449					
14	2017/8/16	8	H0105	銀級	A007	$76,717					
15	2017/8/22	8	F0214	銅級	A007	$51,449					
16	2017/8/28	8	F0101	金級	A003	$34,821					
17	2017/8/30	8	F0101	金級	A003	$17,702					
18	2017/9/3	9	H0214	銀級	A004	$28,384					
19	2017/9/3	9	F0213	銀級	A006	$50,105					
20	2017/9/10	9	H0105	銅級	A008	$22,543					
21	2017/9/12	9	F0213	銀級	A006	$54,132					
22	2017/9/16	9	F0101	金級	A008	$20,439					
23											

COUNTIFS 函數

還有一個多重條件運算函數叫 COUNTIFS，可以為您計算出某範圍內符合多個準則條件的儲存格數目。其語法為：

COUNTIFS（range1, criteria1,range2, criteria2...）

參數說明：

➤ range1, range2, range3, ... 參數是欲進行評估的各組儲存格範圍。您可以定義多個範圍，至多 127 個範圍。每一個 range 範圍皆與每一個 criteria 參數裡所定義的準則條件進行評估比對。

➤ criteria1, criteria2,criteria3, ... 參數是用來定義要進行儲存格數量計算的準則條件，最多也是 127 個準則，撰寫上，每一個 criteria 可以是數字、表示式或是文字，譬如：可以撰寫成 18、"18"、">18"、B2 或是 ＂台北＂。每一個 criteria 參數對應著每一個 range 參數。

以下的範例將使用 COUNTIFS 函數，計算某經手人（已經輸入在儲存格 H5 內）其每一筆交易當中，交易金額超過所有經手人全部總交易金額之平均值的交易筆數有多少筆：

=COUNTIFS（E3:E22, H5, F3:F22, ">" &AVERAGE（F3:F22））

實作
練習

➤ 開啟〔**練習 3-1.xlsx**〕活頁簿檔案：

1. 在 "各分店業績" 工作表的 G 欄，使用 AND 函數新增一個公式，當每個月的業績都高於當月的平均值時顯示 TRUE ，否則顯示 FALSE。

解

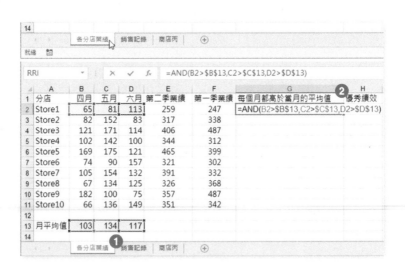

Step.1 點選 "各分店業績" 工作表。

Step.2 點選儲存格 G2，輸入公式「=AND（B2>$B$13,C2>$C$13,D2>$D$13）」。

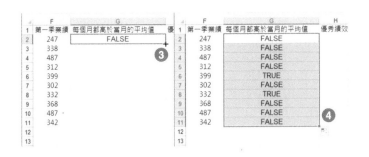

Step.3 滑鼠指標移至儲存格 G2 右下角，點按兩下填滿控點。

Step.4 往下填滿儲存格 G2 的公式。

2. 在 "各分店業績" 工作表的 H 欄，建立一個公式，當第二季的平均業績高於第二季的平均業績，或者，第二季裡的每月業績都逐月成長時（六月業績比五月業績高，而且五月業績比四月業績高），則顯示 TRUE 否則顯示 FALSE。你僅能在公式中使用 AND 與 OR 函數。

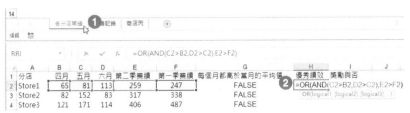

Step.1 點選 " 各分店業績 " 工作表。

Step.2 點選儲存 H2，輸入公式「=OR（AND（C2>B2,D2>C2），E2>F2）」。

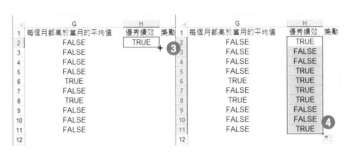

Step.3 滑鼠指標移至儲存格 H2 右下角，點按兩下填滿控點。

Step.4 往下填滿儲存格 H2 的公式。

3. 在"各分店業績"工作表的儲存格 I 欄，新增一個公式，使得每一家分店第二季的平均值若是高於所有分店第二季的總平均值，顯示"獎勵分店"，否則顯示"待努力"。

Step.1 點選"各分店業績"工作表。

Step.2 點選儲存格 I2，輸入公式「=IF（AVERAGE（B2:D2）> AVERAGE（$B$2:$D$11），"獎勵"，"待努力"）」。

Step.3 滑鼠指標移至儲存格 I2 右下角，點按兩下填滿控點。

Step.4 往下填滿儲存格 I2 的公式。

4. 在 "銷售記錄" 工作表的儲存格 K2 ，使用公式計算出經手人江蕙華在一月份銷售金額超過 300 元的交易筆數。

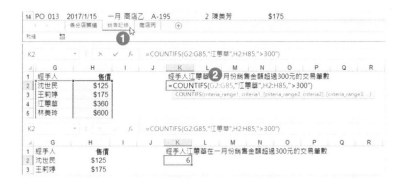

Step.1 點選 "銷售記錄" 工作表。

Step.2 點選儲存格 K2，輸入公式「=COUNTIFS（G2:G85," 江蕙華 ",H2:H85,">300"）」。

5. 在 "銷售記錄" 工作表的儲存格 **K6** 使用條件式平均函數，計算在 "商店甲" 商品代號為 "C-590" 的平均銷售量。

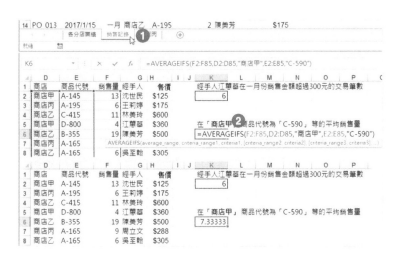

Step.1 點選 "銷售記錄" 工作表。

Step.2 點選儲存格 K6，輸入公式「=AVERAGEIFS（F2:F85,D2:D85，"商店甲" E2:E85，"C-590"）」。

6. 在 "銷售記錄" 工作表的儲存格 K10，輸入公式計算在所有商品銷售數量超過 10 以上，且售價在 450 元以下的總銷售量。

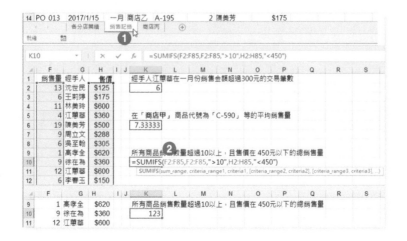

Step.1 點選 "銷售記錄" 工作表。

Step.2 點選儲存格 K10，輸入公式「=SUMIFS（F2:F85,F2:F85,">10",H2:H85,"<450"）」。

3-2 　使用函數查閱資料

在眾多的 Excel 函數中，查詢類的函數是隸屬於資料探勘領域的常客，可以藉由各種查詢函數在諸如：地址、通訊錄等資料表或範圍中，迅速查詢、比對某人的連絡資料；在成績資料表中，找尋某位學生的某科成績。雖然 Excel 的查詢參照函數很多，但重點且經常使用的函數不外乎是 LOOKUP、VLOOKUP、HLOOKUP、MATCH、INDEX…等等。

3-2-1 　使用 VLOOKUP 函數查閱資料＊＊＊

VLOOKUP 函數的功能正如其函數名稱，V 代表 Vertical（垂直）之意，而 LOOKUP 當然就是查詢的意思，透過這個垂直查詢函數，可以讓使用者在表格陣列（也就是所謂的比對表）的首欄中搜尋某個數值，並傳回該表格陣列中同一列之其他欄位裡的數值。此函數的語法為：

VLOOKUP（lookup_value,table_array,col_index_num,range_lookup）

參數說明：

➤ lookup_value 參數為查詢值，也就是您想要在 table_array 參數所參照的比對表之首欄中找尋的值。此 lookup_value 參數可以是數值，也可以是參照位址。當 lookup_value 小於 table_array 首欄中的最小值時，VLOOKUP 函數將會傳回錯誤值 #N/A。

➤ table_array 參數為進行查詢工作時的比對表，必須是兩欄以上的資料範圍或參照範圍。此 table_array 參數可以是參照位址來指向某個範圍或範圍名稱。在 table_array 首欄中的值可以是文字、數字或邏輯值（不分大小寫）。

➤ col_index_num 參數為 table_array 欄位編號，通常此值為是正整數。如果 col_index_num 參數的值為 1，則表示查詢成功後要傳回 table_array 第 1 欄裡的值；如果 col_index_num 參數的值為 2，則表示查詢成功後要傳回 table_array 裡第 2 欄裡的值，依此類推。不過，若 col_index_num 參數的值小於 1，則 VLOOKUP 函數將會傳回錯誤值 #VALUE!。如果 col_index_num 參數的值大於 table_array 的總欄數，則 VLOOKUP 函數將會傳回錯誤值 #REF!。

➤ range_lookup 參數是一個邏輯值，用來指定 VLOOKUP 函數應該要尋找完全符合的值還是部分符合的值，若此參數值為 TRUE 或被省略了，則表示要傳回完全符合或部分符合的值，如果找不到完全符合的值，將會傳回僅次於 lookup_value 的值。此種狀況下，table_array 首欄中的值必須以遞增順序排序；否則，VLOOKUP 可能無法提供正確的值。如果 range_lookup 參數值為 FALSE，則 VLOOKUP 函數只會尋找完全符合的值。在此情況下，table_array 首欄裡的值便不需要排序。而如果 table_array 首欄中有兩個以上的值與 lookup_value 相符時，將會使用到第一個找到的值。如果找不到完全符合的值，便傳回錯誤值 #N/A。

簡言之，lookup_value 就是您想要查詢的數值，table_array 就是資料比對表，VLOOKUP 的運作便是將您要查詢的值（lookup_value）與資料比對表（table_array）其首欄裡的每一個儲存格內容依垂直方向，由上而下逐一進行比對，當查獲到完全一致的值或僅次於要查詢的值後，即表示已經尋獲想要查詢的資料位於比對表首欄由上而下的層級，然後，再根據 col_index_num 的值，自該層級由左而右方向，取出指定（col_index_num）的儲存格內容（由左而右的第 n 格）。

以下圖為例，這是一個輸入客戶代碼，然後，根據此代碼在客戶資料表中，查詢客戶名稱的範例。其中，儲存格 C4 是 lookup_value 參數，也就是客戶代碼；另一工作表（客戶資料）的範圍 B3:E19 則是 table_array 參數，也就是存放客戶基本資料之處，而此客戶資料表共 4 欄，第 1 欄為客戶代碼、第 2 欄為客戶名稱、第 3 欄為客戶等級、第 4 欄為客戶所享折扣，因此，當 col_index_num 參數為 2 時，可查詢取得客戶名稱、若 col_index_num 參數為 3 時，可查詢取得客戶等級。至於此例中的查詢，是根據七月交易資料表的客戶代碼（C4）到比對表（客戶資料表）的首欄由上而下進行完全符合的比對，因此，函數中最後一個參數是 False（完全符合的比對）。

所以，要取得客戶名稱的 VLOOKUP 函數可寫成：=VLOOKUP（C4, 客戶資料 !$B$3: $E$19,2, False）

3-2-2　使用 HLOOKUP 函數查閱資料

HLOOKUP 查詢函數與前一小節介紹的 VLOOKUP 查詢函數，其語法、運用方式以及應用層面都雷同。唯一不同之處只是查詢比對的方向不一樣而已。HLOOKUP 函數的名稱中，H 即代表 Horizontal（水平）之意，透過水平查詢函數，可以讓使用者在表格陣列（也就是所謂的比對表）的首列中搜尋某項資料，並傳回該表格陣列中同一欄之其他列裡的資料。此函數的語法為：

HLOOKUP（lookup_value,table_array,row_index_num,range_lookup）

參數說明：

➤ lookup_value 參數為查詢值，也就是您想要在 table_array 參數所參照的比對表之列欄中找尋的值。此 lookup_value 參數可以是數值，也可以是參照位址。當 lookup_value 小於 table_array 首列中的最小值時，HLOOKUP 函數將會傳回錯誤值 #N/A。

➤ table_array 參數為進行查詢工作時的比對表，必須是兩列以上的資料範圍或參照範圍。此 table_array 參數可以是參照位址來指向某個範圍或範圍名稱。在 table_array 首列中的值可以是文字、數字或邏輯值（不分大小寫）。

➤ row_index_num 參數為 table_array 的列編號，通常此值為是正整數。如果 row_index_num 參數的值為 1，則表示查詢成功後要傳回 table_array 第 1 列裡的值；如果 row_index_num 參數的值為 2，則表示查詢成功後要傳回 table_array 裡第 2 列裡的值，依此類推。不過，若 row_index_num 參數的值小於 1，則 HLOOKUP 函數將會傳回錯誤值 #VALUE!。如果 row_index_num 參數的值大於 table_array 的總列數，則 HLOOKUP 函數將會傳回錯誤值 #REF!。

➤ range_lookup 參數是一個邏輯值，用來指定 HLOOKUP 函數應該要尋找完全符合的值還是部分符合的值，若此參數值為 TRUE 或被省略了，則表示要傳回完全符合或部分符合的值，如果找不到完全符合的值，將會傳回僅次於 lookup_value 的值。此種狀況下，table_array 首列中的值必須以遞增順序排序；否則，HLOOKUP 可能無法提供正確的值。如果 range_lookup 參數值為 FALSE，則 HLOOKUP 函數只會尋找完全符合的值。在此情況下，table_array 首列裡的值便不需要排序。而如果 table_array 首列中有兩個以上的值與 lookup_value 相符時，將會使用到第一個找到的值。如果找不到完全符合的值，便傳回錯誤值 #N/A。

簡言之，HLOOKUP 的運作便是將您要查詢的值（lookup_value）與資料比對表（table_array）其首列裡的每一個儲存格內容依水平方向，由左而右逐一進行比對，當查獲到完全一致的值或僅次於要查詢的值後，即表示已經尋獲想要查詢的資料，其位於比對表首列由左而右的層級，然後，再根據 row_index_num 的值，自該層級由上而下的方向，取出指定（row_index_num）的儲存格內容（由上而下的第 n 格）。以下圖為例，這是輸入或選擇某一種水果名稱（儲存格 C4），然後，根據該水果名稱至價格表中，查詢該水果的產地、價格或庫存。其中，儲存格 C4 是 lookup_value 參數，也就是想要查詢的某一個水果名稱；查詢範圍則位於名為價格表的工作表之儲存格範圍 C2:I5，即為 table_array 參數，而此查詢比對表共有 4 列，由上而下的第 1 列是每一種水果的名稱、第 2 列到第 5 列則分別是各種水果的產地、價格與庫存等資訊，因此，當 row_index_num 參數為 2 時，可查詢取得水果的產地；若 row_index_num 參數為 3 時，可查詢取得水果的價格；如果 row_index_num 參數為 4 時，可查詢取得水果的庫存量。至於此例中的查詢，是根據水果名稱（C4）到此比對表（水果價格表）的首列由左至右進行完全符合的比對，因此，函數中最後一個參數是 False。所以，此範例的 HLOOKUP 函數可寫成：

=HLOOKUP（C4, 價格表 !$C$2:$I$5,3,FALSE）

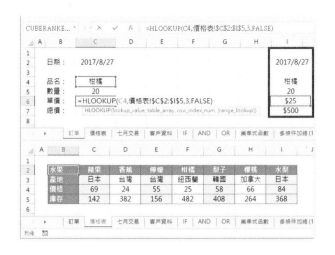

3-2-3 使用 MATCH 函數查閱資料

利用 VLOOKUP 函數或 HLOOKUP 函數進行資料的查詢是頗為傳統且普遍的方式，但是，VLOOKUP 函數與 HLOOKUP 函數的缺點便是查詢比對範圍較為制式化，比對的方式與對象已經侷限了既有發展。例如：VLOOKUP 查詢一定是針對比對表的首欄由上而下逐列比對查詢，除非額外套用其他函數的輔助與修改，否則無法針對比對表的其他欄位進行比對查詢；同理，HLOOKUP 查詢一定是針對比對表的首列由左而右逐欄比對查詢，除非額外套用其他函數的輔助與修改，否則無法針對比對表的其他列進行比對查詢。因此，近來使用 INDEX 與 MATCH 來進行資料查詢比對的案例已愈來愈多，因為這兩個函數除了各自有特定的功能與用途外，組合在一起並應用於資料查詢上，針對查詢對象的比對表設計將更有彈性與揮灑空間。

我們先來 MATCH 函數吧！其語法為：

MATCH（lookup_value,lookup_array, [match type]）

此函數是用來搜尋儲存格範圍（lookup_array）中的指定項目（lookup_value），並傳回該指定項目位於該範圍中的相對位置。而 match type 參數則有三個參數值：-1、0 或 1，其代表的意義與行為如下：

➤ 若是 1，則表示此 MATCH 函數會尋找小於或等於指定項目（lookup_value）的最大值。而搜尋範圍（lookup_array）內的值必須以遞增次序排列。

➤ 若是 0，則表示此 MATCH 函數會尋找完全等於指定項目（lookup_value）的第一個值。而搜尋範圍（lookup_array）內的值可以依據任意次序排列。。

➤ 若是 -1，則表示此 MATCH 函數會尋找大於或等於指定項目（lookup_value）的最小值。而搜尋範圍（lookup_array）內的值必須以遞減次序排列。

➤ 此 match type 是屬於選擇性的參數，也就說可以省略不寫在函數裡，但若未寫則視為 1 的行為。

如此可見，MATCH 函數在查詢資料上，的確比 VLOOKUP 與 HLOOKUP 彈性多了。但完整的查詢作業還是得搭配 INDEX 比較如魚得水（稍後再說）。如下圖範例所示，指定項目是儲存格 C3 裡的工號 Q2028。搜尋範圍是儲存格範圍 G3:G12，在此儲存了十個工號。因此，透過 MATCH（C3, G3:G12,0）函數的協助，可以傳回工號 Q2028 位於這十個工號所在範圍的相對位置是 4（也就是說，工號 Q2028 出現在第四個位置）。

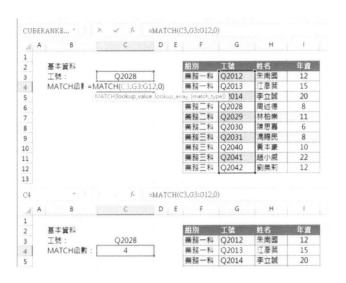

所以，若 MATCH 函數傳回一個整數值，便代表在搜尋範圍中有查詢到所要的指定項目。如果 MATCH 函數無法傳回一個整數值（錯誤訊息，#N/A），便代表在搜尋範圍中沒有所要查詢的指定項目。

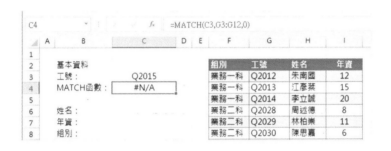

3-2-4 使用 INDEX 函數查閱資料 *

INDEX 函數可以傳回表格或範圍內的某個值或值的參照。此函數的使用較為多元，有兩種使用方式，語法並不相同：

1. 陣列形式的運用，語法為：INDEX（array, row_num, [column_num]）

2. 參照形式的運用，語法為：INDEX（reference, row_num, [column_num], [area_num]）

其中，陣列形式的運用極為普遍也易懂、易學，與前述 MATCH 函數的應用也頗有相對應的功效。譬如：MTACH 函數可用來尋找特定項目在查詢範圍裡的第幾個相對應位置。而 INDEX 函數則是取得查詢範圍裡的指定相對應位置的儲存格內容。例如：前述的範例中，透過 MATCH（C3, G3:G12,0）函數的協助，可以傳回工號 Q2028 位於所有〔工號〕查詢範圍的第 4 個相對應位置。我們便可以在儲存格 C6 內，藉由 INDEX 函數，擷取〔姓名〕查詢範圍裡第 4 個相對應位置的儲存格內容，也正是工號 Q2028 的姓名（周述德）了！

=INDEX（H3:H12,C4）

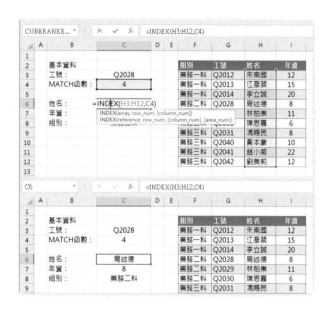

當然，若在儲存格 C6 內直接輸入：

= INDEX（H3:H12,MATCH（C3, G3:G12,0））

也可以得到相同的結果，而且，也就沒有事先完成儲存格 C4 之 MATCH 函數的必要了！

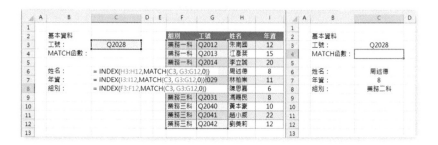

實作
練習

● ●

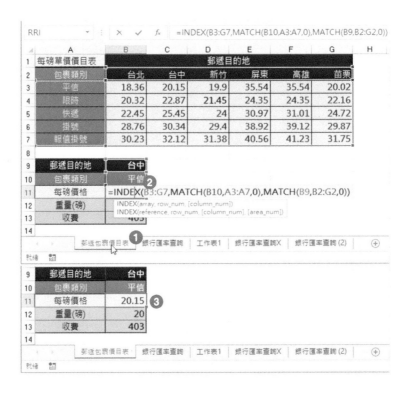

➤ 開啟〔**練習** 3-2.xlsx〕活頁簿檔案：

1. 在 "郵遞包裹價目表" 工作表的儲存格 B11，限定僅能使用 MATCH 與 INDEX 函數，查詢不同包裹類別在不同遞送目的地的每磅單價。

Step.1 點選 "郵遞包裹價目表" 工作表。

Step.2 點選儲存格 B11，輸入公式「=INDEX（B3:G7,MATCH（B10,A3:A7,0），MATCH（B9,B2:G2,0））」。

Step.3 完成公式的建立並顯示公式的執行結果。

2. 在 "銀行匯率查詢" 工作表的儲存格 C4，建立函數，可以根據儲存格 C1 的幣別內容，以及儲存格 C2 裡買入或賣出選擇，到 E3:G21 中查詢該幣別的買入或賣出匯率。限定使用 VLOOKUP 函數進行查詢。

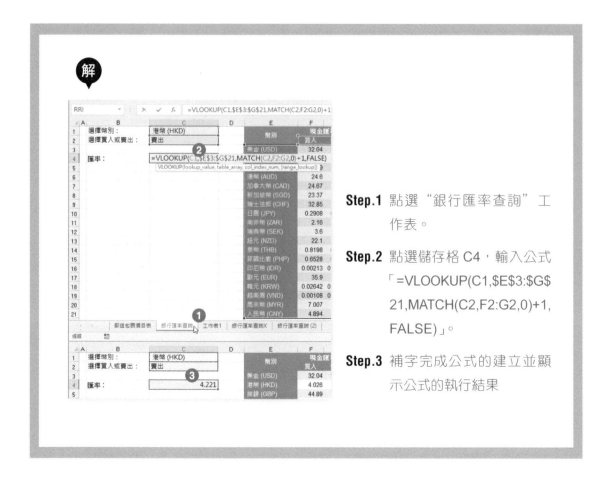

Step.1 點選 "銀行匯率查詢" 工作表。

Step.2 點選儲存格 C4，輸入公式「=VLOOKUP(C1,$E$3:$G$21,MATCH(C2,F2:G2,0)+1,FALSE)」。

Step.3 補字完成公式的建立並顯示公式的執行結果

3-3 套用進階日期和時間函數

在 Excel 的環境裡，日期與時間都算是數值性資料，只是，透過格式化設定，可以根據人類的習性與慣用方式來呈現日期與時間資訊。甚至，透過與日期、時間相關的函數，也能擷取出所要的日期與時間元素，或格式化符合需求的日期／時間資訊。

3-3-1 使用日期與時間函數序列化數字*

對 Excel 而言，其實日期也算是一種數值性資料，只不過日期資料與一般的數值資料，差別在於日期有著一定的基數序列。在 Excel 的系統中，將公元 1900 年 1 月 1 日視為整數 1，從這一天開始，每加 1 就多一天，而小於 1 的小數值則可以轉換為時間。例如：8.75 指的便是 1900 年 1 月 8 日下午 6 點。因為，8.75 的整數 8 是天數、小數 0.75 則是一天 24 小時中的 18 點（0.75*24），也就是下午 6 點囉！了解這個概念後，就不難知道，為什麼在儲存格裡輸入一個日期或時間時，若是以數值格式顯示，會是一串數字。也正因如此，在 Excel 裡的日期運算上絕對是非常迅速的，因為，兩個日期的輸入可以透過減法，立刻得知兩個日期之間所相差的天數；兩個時間的輸入亦可透過減法，立刻得知兩個時間之間相差了多少小時又多少分鐘，不過，由於時間對 Excel 而言是小數，因此，兩個時間的相減一錠是指同一天的時間相減，而非跨日的時間相減，這一點很重要喔！

A	B		A	B		C	D		C	D
1			1			1			1	
2	日期的運算		2	日期的運算		2	時間的運算		2	時間的運算
3	2017/6/12		3	2017/6/12		3	19:21		3	19:21
4	2012/4/5		4	2012/4/5		4	19:53		4	19:53
5	=B3-B4		5	1894		5	=D4-D3		5	00:32
6			6			6			6	
7			7			7			7	

儲存格 B3 與 B4 都是日期，輸入公式 =B3-B4，即可取得兩天之間差距的天數。

儲存格 D3 與 D4 都是時間，輸入公式 =D3-D4，即可取得同一日內兩個時間之間相差的時數與分鐘數。

當然，日期也常會與一整數相加或相減，相加代表該日期展延至哪一天；相減則代表自該日期提前日到哪一天。至於時間與時間相加，則表示加上多少小時又多少分鐘，當然，小時的部分也有可能超過 24 小時，表示已是跨日的時間，因此，還是需要經過另外換算的。

A	B	C		A	B	C		C	D		C	D
1				1				1			1	
2	日期的運算			2	日期的運算			2	時間的運算		2	時間的運算
8	2017/3/20			8	2017/3/20			8	08:37		8	08:37
9	762			9	762			9	11:49		9	11:49
10	2019/4/21			10	2019/4/21			10	=D8+D9		10	20:26
11				11				11			11	

儲存格 B3 是日期、B4 是整數，輸入公式 =B3+B4，可得到 B3 加上多少天數後的最新日期。

儲存格 D3 與 D4 都是時間，輸入公式 =D3+D4，即可得到當 D3 時間經過多少小時多少分鐘後的新時間，但有可能會有跨日的狀態需要考量。

3-3-2　使用 NOW 與 TODAY 函數參照日期與時間***

日期既然是序列的數據，在加、減法的計算上自然迅速便捷，然而，有時候我們僅是需要完整日期或完整時間中的局部資訊，為了方便日期與時間的運算，Excel 也提供了許多與日期、時間相關的函數，讓使用者可以迅速完成與日期相關的計算工作。例如：只想要取得完整日期裡的年份、月份或月天的天數，這就不是簡單的加、減計算就可以取得的。此時，YEAR、MONTH、DAY、HOUR、MINUTE 與 SECOND 等函數，將是您最佳的選擇。

以下即是 Excel 2016 常用的日期函數與時間函數。

日期與時間函數	
DATE	語法：DATE（year，month，day） 傳回特定日期的序列值
DATEVALUE	語法：DATEVALUE（date_text） 傳回對應於 date_text 的序列值
DAY	語法：DAY（serial_number） 傳回對應於 serial_number 的日期〔該月的第幾天〕
DAYS360	語法：DAY360（start_date，end_date，method） 根據應用於會計系統計算一年 360 天的算法〔每個月以 30 天計〕，所傳回兩個日期間相差的天數
EDATE	語法：EDATE（start_date,months） 傳回開始日期前或後所指定月數的日期序列值
EMONTH	語法：EMONTH（start_date, 月數） 傳回指定月數前或後的月份最後一日的序列值
HOUR	語法：HOUR（serial_number） 將 series_number 轉為相對應的小時數
MINUTE	語法：MINUTE（serial_number） 傳回對應於日期與時間序列值的分鐘數
MONTH	語法：MONTH（serial_number） 傳回對應於 series_number 的月份數
NETWORKDAYS	語法：NETWORKDAYS（start_date,end_date,holidays） 傳回兩個日期之間的完整工作日天數
NOW	語法：NOW（） 傳回電腦系統內建時鐘的現在日期與時間之序列值
SECOND	語法：SECOND（serial_number） 傳回對應於日期與時間序列值的秒數
TIME	語法：TIME（hour，minute，second） 傳回指定時間的序列值
TIMEVALUE	語法：TIMEVALUE（time_text） 傳回對應於時間文字 time_text 的序列值
TODAY	語法：TODAY（） 傳回電腦系統內建時鐘的現在日期之序列值

日期與時間函數	
WEEKDAY	語法：WEEKDAY（serial_number，return_type） 轉換日期序列數至星期數
WEEKNUM	語法：WEEKDAY（serial_number，return_type） 轉換日期序列數為一年之中的第幾週
WORKDAY	語法：WORKDAY（start_date,days,holidays） 傳回在指定的工作日數前或後的日期序列數
YEAR	語法：YEAR（serial_number） 轉換日期序列數至年份數
YEARFRAC	語法：YEARFRAC（start_date,end_date,basis） 傳回年份分數，它代表了 start_date 和 end_date 之間的完整日數

在與日期、時間相關的函數中，TODAY 與 NOW 函數是非常特別且常用的函數，因為，它們是眾多函數中極少有不需要提供任何參數的函數。也就是說，要使用 TODAY 函數時，僅需輸入 =TODAY（）；使用 NOW 函數時，僅需輸入 =NOW（），這兩個函數名稱後面的括弧內並不需要輸入任何訊息，而 TODAY（）函數可以傳回當下的電腦系統日期、NOW（）函數可以傳回當下的電腦系統日期暨時間。

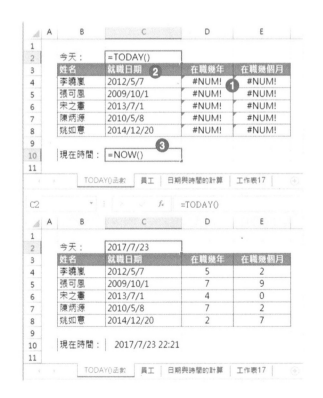

Step.1

尚未輸入 TODAY（）函數時，尚無法計算出〔在職幾年〕與〔在職幾個月〕這兩個欄位。

Step.2

輸入 TODAY（）函數後，透過日期函數可計算出〔在職幾年〕與〔在職幾個月〕這兩個欄位（使用的是 DATEDIF 函數）。

Step.3

NOW（）函數可顯示系統日期與時間。

> 開啟〔**練習** 3-3.xlsx〕活頁簿檔案:

1. 在"發票清單"工作表的儲存格 C2,輸入函數顯示電腦系統日期和時間。

解

	A	B	C	D	E
1					
2		目前日期時間:	=NOW() ②		
3			NOW()		
4		發票	發票日期	展延天數	到期日
5		TQ01928346	2017/8/2	20	2017/8/22
6		HR55142536	2017/8/3	20	2017/8/23
7		AT61728394	2017/9/8	25	2017/10/3
8		FR51423552	2017/11/15	10	2017/11/25

RRI ▼ ┊ × ✓ fx =NOW()

❶ 發票清單 | 工期計算 | 日期與時間的概念1 (3) | 日期與時間的概念2

Step.1 點選"發票清單"工作表。

Step.2 點選儲存格 C2,輸入公式「=NOW ( )」。

Step.3 完成公式的建立並顯示公式的執行結果。

	A	B	C	D	E
1					
2		目前日期時間:	2017/8/1 08:55 ③		
3					
4		發票	發票日期	展延天數	到期日

2. 計算 E 欄到期日,其公式為發票日期+展延天數。

解

RRI ▼ ┊ × ✓ fx =C5+D5

	A	B	C	D	E	F	G
1							
2		目前日期時間:	2017/8/1 09:01				
3							
4		發票	發票日期	展延天數	到期日	是否到期	
5		TQ01928346	2017/8/2	20	=C5+D5 ②		
6		HR55142536	2017/8/3	20			
7		AT61728394	2017/9/8	25			
8		FR51423552	2017/11/15	10			
9		AR55190928	2017/10/19	30			
10		JQ89002313	2017/10/27	60			
11		MK71654234	2017/11/4	25			
12		SE81101923	2017/11/7	30			
13		RH61905664	2018/3/31	15			
14		YK80000293	2018/1/11	20			
15							

❶ 發票清單 | 工期計算 | 日期與時間的概念1 (3) | 日期與時間的概念2 | ⊕

Step.1 點選"發票清單"工作表。

Step.2 點選儲存格 E5,輸入公式「=C5+D5」。

Step.3 滑鼠指標移至儲存格 E5 右下角，點按兩下填滿控點。

Step.4 往下填滿儲存格 E5 裡的公式。

3. 在 F 欄建立公式，若到期日尚未超過今天，顯示 "尚未到期"，否則顯示 "已到期 # 天"。(註：# 為已到期天數，是整數值)。

Step.1 點選 "發票清單" 工作表。

Step.2 點選儲存格 F5，輸入公式「=IF（E5>TODAY（），"尚未到期"，"已到期" &TODAY（）-E5&"天"）」。

Step.3 滑鼠指標移至儲存格 F5 右下角，點按兩下填滿控點。

Step.4 往下填滿儲存格 F5 裡的公式（由於這是使用電腦的系統日期指定的到期
日相比較，而筆者製作此例的當天勢必與讀者們現在的電腦日期並不相
同，因此，此欄位的答案一定會與這裡的畫面不符）。

3-4 執行資料分析與商業智慧

在 Excel 運用上，往往僅是在工作表上輸入資料、建立幾個公式函數，並添加一些格式，即
可讓資料的外觀看起來完美無瑕，但是，在實際的商業世界裡，您經常被迫要在活頁簿裡龐
大、雜亂的數字資料和公式結果中設法得到情報或解釋出有意義的資訊。這時候，在 Excel
中使用程式套件進行資料分析和商務智慧工具的深度學習，將是資訊工作者刻不容緩的需求。
Excel 2016 的新查詢便是即為重要也容易上手的資料分析工具。

3-4-1 匯入、轉換、合併、顯示及連接至資料 **

Excel 2016 的資料處理工具中，提供了取得並轉換外部資料的功能，分類於〔**資料**〕索引標
籤裡的〔**取得及轉換**〕群組內。透過這裡的功能操作，您可以搜尋資料來源、建立連線，並
重塑資料，例如：移除欄位、變更資料類型，或合併的資料表格，以迎合您的實際需求。一
旦完成資料的重塑，您就可以共用這些資訊，或使用查詢，以作為建立報表的依據。

在新版本的 Excel 2016 中所提供的外部資料連結與匯入，可以進行：

➤ 連線－連線至雲端上、服務中或本機內的資料。

➤ 轉換－重塑資料以符合您的需求；原始來源則維持不變

➤ 合併－從多重資料來源建立資料模型，並以獨一無二的檢視方式探索資料

➤ 共用－查詢完成之後，可以儲存、共用或是運用於報告

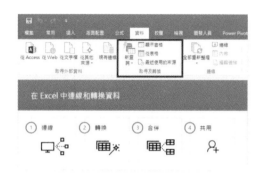

連線並匯入外部資料

在點按〔**資料**〕索引標籤後，〔**取得及轉換**〕群組裡的〔**新查詢**〕命令按鈕可進行資料的連線並匯入外部資料進行查詢、轉換、合併與共用。這是一項極富彈性且容易使用的新功能，透查詢編輯器的操作，其中，連線並匯入的外部資料來源可分成五大選項：

➤ 從檔案　　　　　➤ 從線上服務

➤ 從資料庫　　　　➤ 從其他來源

➤ 從 Azure

從檔案

可以選擇從其他活頁簿檔案、CSV 檔案、XML 檔案、文字檔案，甚至指定某資料夾裡的所有檔案，匯入並查詢、重塑所要的資料。

從資料庫

可以選擇從常見的各種資料庫中匯入資料，例如：從 SQL Server 資料庫、Microsoft Access 資料庫、SQL Analysis Service 資料庫、Oracle 資料庫、IBM DB2 資料庫、PostgreSQL 資料庫、Sybase 資料庫或 Teradata 資料庫等等。

從 Azure

可以選擇從 Azure SQL 資料庫、Azure DHInsight（HDFS）、Azure Blob 儲存體或 Azure 資料表儲存體中匯入外部雲端資料。

從線上服務

可以選擇從 SharePoint Online 清單、Microsoft Exchange Online、Dynamics 365（線上）、Facebook、Salesforce 物件、Salesforce 報表等線上服務資源中匯入所要的資料。

從其他來源

可以選擇從網站（Web）、SharePoint 清單、OData 摘要、Hadoop 檔案（HDFS）、Active Directory、Microsoft Exchange、ODBC 等其他資料來源取得連線與外部資料，建立所需的資料查詢。

接著，我們將以匯入外部 Access 資料庫為例，為您展示 Excel 2016 新增查詢的操作、查詢編輯器的使用，瞭解資料連線、轉換（重塑）與分享的過程。下圖所示即為此次匯入的對象 Access 資料庫的訂單資料表內容，包含了 1924 筆交易記錄：

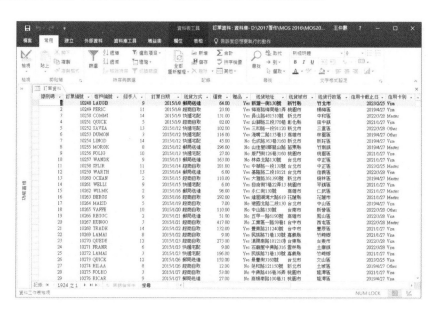

資料連結與匯入

首先,開啟新的工作表後,進行新查詢的操作,以連結並匯入指定的 Microsoft Access 資料庫。

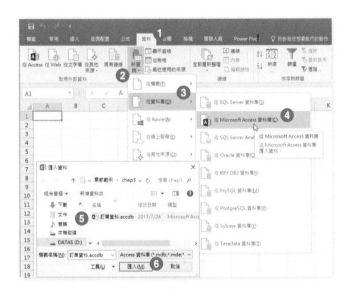

Step.1 開啟新活頁簿並在空白工作表上點按〔**資料**〕索引標籤。

Step.2 點按〔**取得並轉換**〕群組裡的〔**新查詢**〕命令按鈕。

Step.3 從展開的下拉式功能選單中點選〔**從資料庫**〕選項。

Step.4 從展開的副選單中點選〔**從 Microsoft Access 資料庫**〕。

Step.5 開啟〔**匯入資料**〕對話方塊,選擇來源資料庫,此範例為〔**訂單資料 .accdb**〕。

Step.6 然後,點按〔**匯入**〕按鈕。

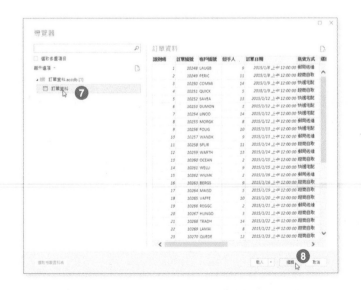

Step.7
開啟〔**導覽器**〕對話,在此點選 Access 資料庫裡想要連線的資料表。例如:訂單資料。

Step.8
點按〔**編輯**〕按鈕,即可進入查詢編輯器視窗。

資料轉換

資料的轉換意味著：資料欄位型態的變更、格式化資料欄位、對數值性的資料欄位套用算術運算、從日期時間性質的欄位擷取年月日或時分秒等元素…，重點就是您想要取得哪些可以運用在 Excel 裡進行分析的資料。而這些轉換過程就稱之為資料的重塑。在匯入外部資料後，查詢編輯器上方的功能區裡〔**轉換**〕索引標籤提供了資料行、文字型資料行、數字資料行、日期與時間資料行等群組的命令按鈕，協助您針對匯入的資料行（欄）進行資料的重塑。

簡單的資料轉換，透過滑鼠右鍵的點按從顯示的快顯功能表中就可以完成。例如：移除不要的資料欄位。此範例我們將移除部分欄位，僅保留需要分析的資料欄位。

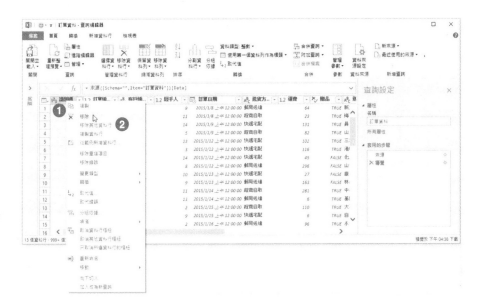

Step.1 以滑鼠右鍵點按不想擷取的欄位，例如：〔**識別碼**〕欄位。

Step.2 從展開的快顯功能表中點選〔**移除**〕功能選項。

Step.3 再次以滑鼠右鍵點按不想擷取的欄位，例如：〔**贈品**〕欄位。

Step.4 從展開的快顯功能表中點選〔**移除**〕功能選項。

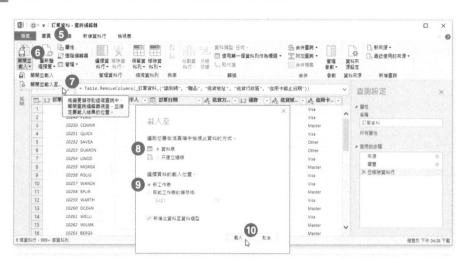

Step.5 點按查詢編輯器視窗裡的〔**首頁**〕索引標籤。

Step.6 點按〔**關閉**〕群組裡的〔**關閉並載入**〕命令按鈕。

Step.7 從展開功能選單中點選〔**關閉並載入至**〕選項。

Step.8 開啟〔**載入至**〕對話，點選〔**資料表**〕選項。

Step.9 點選〔**新工作表**〕。

Step.10 點按〔**載入**〕按鈕。

在此範例中，完成匯入與轉換的資料，在工作表上即以資料表的型態呈現，您可以透過查詢、篩選、樞紐分析等操作或函數的運用來分析這些重塑的資料。

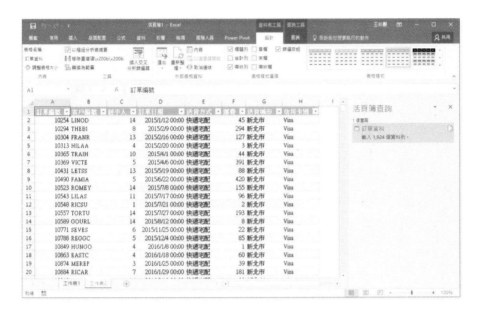

合併資料

新版本的 Excel 已經具備關聯式資料的彙整功能，在匯入外部資料時，即可選擇多張資料的匯入，此外，根據資料的結構與不同的需求，還可以透過合併或附加的方式進行資料的合併。例如：匯入記載了數千筆交易的〔**訂單資料**〕資料表，以及存放十數筆個人基本資料的〔**員工**〕資料表。至於匯入的資料表，在〔**訂單資料**〕資料表裡僅記載每一交易的經手人編號，也就是員工編號，但並未記錄員工的姓名，而員工的編號與姓名皆記錄在〔**員工**〕資料表內，因此，這是一個典型的一對多關聯式資料庫的架構，透過 Excel 查詢編輯器的操作，便可輕鬆完成兩資料表的合併。

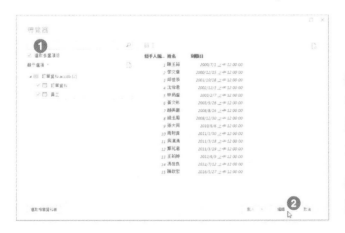

Step.1

在匯入外部資料庫並開啟〔**導覽器**〕對話時，勾選〔**選取多重項目**〕核取方塊，並勾選所要匯入的資料表。

Step.2

點按〔**編輯**〕按鈕。

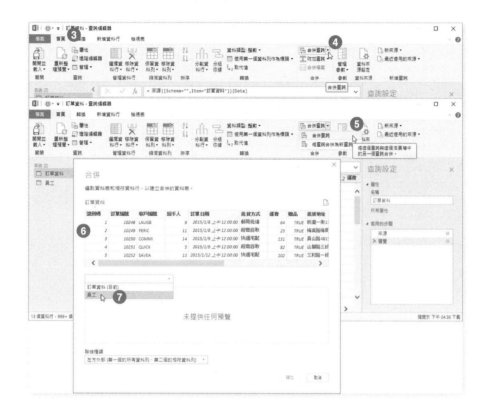

Step.3 在查詢編輯器的操作視窗裡點按〔首頁〕索引標籤。

Step.4 點按〔合併〕群組裡的〔合併查詢〕命令按鈕。

Step.5 從展開的下拉式功能選單中點選〔合併查詢〕功能選項。

Step.6 開啟〔合併查詢〕對話方塊，上半部是〔訂單資料〕資料表。

Step.7 點選另一張匯入的資料表〔員工〕資料表。

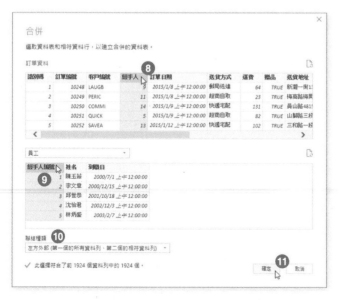

Step.8
點選〔訂單資料〕資料表的〔經手人〕欄位。

Step.9
點選〔員工〕資料表的〔經手人編號〕欄位。

Step.10
聯結的種類為〔左方外部（第一個的所有資料列，第二個的相符資料列）〕。

Step.11
點按〔確定〕按鈕。

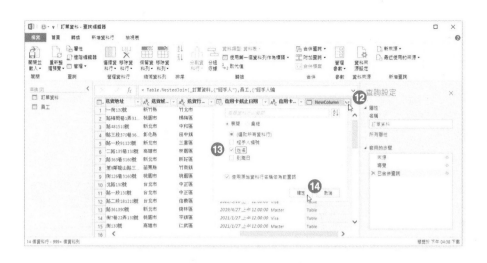

Step.12 回到查詢編輯器操作視窗，點按〔**訂單資料**〕資料表裡新增的欄位 NewColumn 之
欄位名稱旁的展開按鈕。

Step.13 在展開的對話中僅勾選〔**姓名**〕欄位核取方塊。

Step.14 點按〔**確定**〕按鈕。

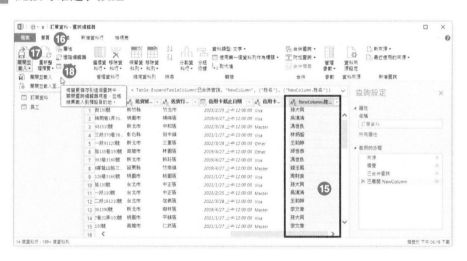

Step.15 合併的結果，經手人的姓名已經呈現在新的欄位裡。

Step.16 點按查詢編輯器視窗裡的〔**首頁**〕索引標籤。

Step.17 點按〔**關閉**〕群組裡的〔**關閉並載入**〕命令按鈕。

Step.18 從展開功能選單中點選〔**關閉並載入**〕選項。

完成匯入與資料的合併，在工作表上即以資料表的型態呈現兩張資料表的合併結果，您也可
以在此進行其他查詢、篩選、樞紐分析等分析資料的需求。

3-4-2 合併彙算資料

「合併彙算」是 Excel 的資料處理中，一個很重要的指令操作，可以協助您將架構一致但不同大小範圍的各張工作表，合併彙整在一起進行資料運算。如下例所示，有四個活頁簿檔案，檔名分別為 Q1 銷售量 .xlsx、Q2 銷售量 .xlsx、Q3 銷售量 .xlsx 與 Q4 銷售量 .xlsx，每一個檔案內都有一張記錄商品銷售數量的工作表，分別記載著當季各個辦公椅品項在各地區的銷售量。每一季的銷售地區並不見得都一樣、每一種辦公椅品項也略有差異，透過「合併彙算」的操作，便可將每一張季報表都彙算在一起，形成一份年度彙整報表。

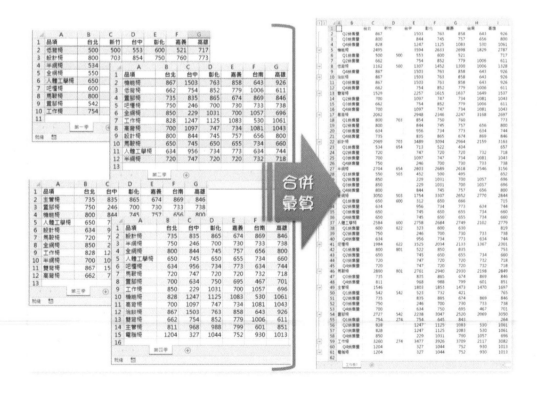

操作「合併彙算」方式非常的簡單，您先開啟想要彙整的各個活頁簿檔案後，再開啟新的活頁簿工作表，然後執行〔**資料**〕〔**合併彙算**〕功能，進入〔**合併彙算**〕對話方塊的操作，選擇要進行加總的合併彙算即可。

Step.1　開啟新活頁簿，點選新工作表上的任一儲存格，例如：儲存格 A1。

Step.2　點按〔**資料**〕索引標籤。

Step.3　點按〔**資料工具**〕群組裡的〔**合併彙算**〕命令按鈕。

接著，開啟〔**合併彙算**〕對話方塊後，便是進行各個合併範圍的檔名、工作表名稱與範圍位址的參照，可以自行輸入參照位址或以滑鼠選取參照範圍。

Step.4　開啟〔**合併彙算**〕對話方塊，點選〔**參照位址**〕文字方塊。

Step.5　切換到 Q1 銷售量 .xlsx 活頁簿檔案並選取這一季的資料範圍：A1：G10。被選取的合併範圍之周遭將有虛線圍繞，代表您已成功的選取該範圍了。

Step.6　完成選取的參照位址將會顯示在〔**參照位址**〕文字方塊內，點按一下〔**新增**〕按鈕。

此時,第一個合併彙算的檔案範圍位址就自動標示在〔**所有參照位址**〕文字方塊內,便可以繼續點選尚未被參照的資料範圍。

Step.7 點選〔**參照位址**〕文字方塊。

Step.8 切換到 Q2 銷售量 .xlsx 活頁簿檔案並選取這一季的資料範圍:A1:G12。被選取的合併範圍之周遭將有虛線圍繞,代表您已成功的選取該範圍了。

Step.9 完成選取的參照位址將會顯示在〔**參照位址**〕文字方塊內,點按一下〔**新增**〕按鈕。

此刻第二個合併彙算的檔案範圍位址就自動標示在「所有參照位址」文字方塊內,接著便可以繼續點選尚未被點選的資料範圍。

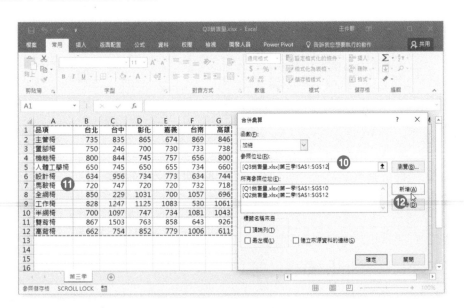

Step.10 點選〔**參照位址**〕文字方塊。

Step.11 切換到 Q3 銷售量 .xlsx 活頁簿檔案並選取這一季的資料範圍：A1：G12。被選取的合併範圍之周遭將有虛線圍繞，代表您已成功的選取該範圍了。

Step.12 完成選取的參照位址將會顯示在〔**參照位址**〕文字方塊內，點按一下〔**新增**〕按鈕。

在第三個合併彙算的檔案範圍位址也會自動標示在「所有參照位址」文字方塊內，此時，便可以繼續點選最後一個尚未被點選的資料範圍了。

Step.13 點選〔**參照位址**〕文字方塊。

Step.14 切換到 Q4 銷售量 .xlsx 活頁簿檔案並選取這一季的資料範圍：A1：G15。被選取的合併範圍之周遭將有虛線圍繞，代表您已成功的選取該範圍了。

Step.15 完成選取的參照位址將會顯示在〔**參照位址**〕文字方塊內，點按一下〔**新增**〕按鈕。

在反覆地進行拖曳選取再按〔**新增**〕按鈕後，所有的選取範圍就可以開始進行彙算的工作了。此外，由於各張合併彙算的工作表之範圍的頂端列為各地區名稱，最左欄為各產品名稱，所以您必須勾選在「合併彙算」對話視窗左下方的〔**標籤名稱來自**〕選項底下的〔**頂端列**〕核取方塊與〔**最左欄**〕核取方塊，使得合併彙算後的年度彙整報表會有上標題（各地區名稱）與左標題（各產品名稱）。而各季報表的範圍資料在異動時，合併彙算後的年度彙整報表是否要一起更新，則要點選〔**合併彙算**〕對話方塊正下方的〔**建立來源資料的連結**〕核取方塊選項。

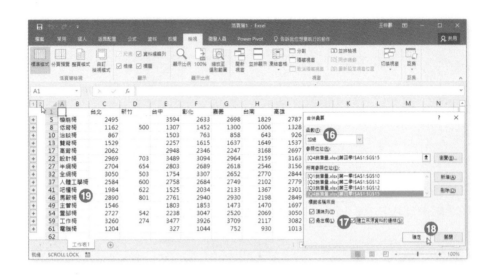

Step.16 選擇彙整的計算方式（函數）為〔**加總**〕。

Step.17 勾選〔**頂端列**〕核取方塊、〔**最左欄**〕核取方塊與〔**建立來源資料的連結**〕核取方塊選項。

Step.18 點按〔**確定**〕按鈕。

Step.19 完成合併彙算後的彙總報表 - 各地區在一年來對各種產品的總銷售量。而在各個產品名稱之列號左側都有一個加號（擴展）按鈕，若是按下此加號（擴展）按鈕，則可以將該產品的詳細資料列出。

當產品資料的詳細資料列出後，原本的加號（擴展）按鈕，將變成減號（摺疊）按鈕，意即您可以按下此（折疊）按鈕，再將該產品的詳細資料折疊起來，如下圖所示。此外，在工作表左上方的數字 1 按鈕與 2 按鈕，則為彙整報表的層級按鈕（又稱為大綱按鈕）。若按下數字 1 按鈕即顯示各產品彙整報表（不列出各產品的詳細資料）；若按下 2 按鈕，則將呈現每一種產品之詳細資料。

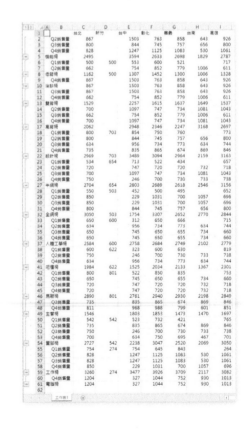

目標搜尋

Excel 並非只能建立公式、函數，進行資料庫管理與統計圖表製作而已，其在專案管理與數據分析上的功能，也是不容忽視的。其中，假設分析的工具正是經常運用在模擬預測的工作上。以下的實例是描述專案中每一個工作項目的預算與支出，其中適度的計算出每一個工作項目的預算佔全部工作項目總預算的百分比例；亦與支出計算出每一個工作項目的支出佔全部工作項目總支出的百分比例。如此，在此例中的第四個項目（項目 4）其結餘為透支狀態，我們想要嘗試調整此工作項目的預算，但要調整到多大的數字，才能讓此工作項目的預算不會超過總預算的百分之 21。簡言之，我們想要調整儲存格 B5 的數值，使得含有公式的儲存格 E5 可以計算出 21%。這正是〔**目標搜尋**〕工具的專長了！

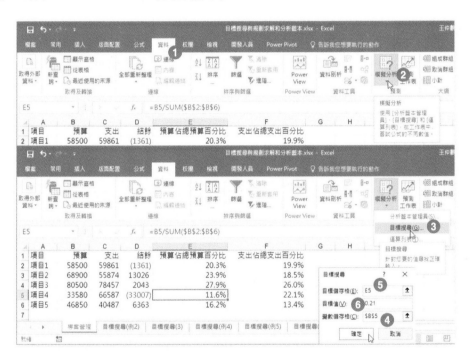

Step.1　點按〔**資料**〕索引標籤。

Step.2　點按〔**模擬**〕群組裡的〔**模擬分析**〕命令按鈕。

Step.3　從展開的功能選單中點選〔**目標搜尋**〕功能選項。

Step.4　開啟〔**目標搜尋**〕對話方塊，由於我們是希望讓 Excel 幫我們改變儲存格 B5 的數值，因此，此儲存格及稱之為變數儲存格，所以，在〔**變數儲存格**〕文字方塊裡輸入或點選儲存格 B5 的位址。

Step.5 我們也期望儲存格 B5 的改變,可以讓儲存格 E5 這個公式格計算出 0.21 的結果,因此,儲存格 E5 即稱之為目標儲存格,所以,在〔**目標儲存格**〕文字方塊裡輸入或點選儲存格 E5 的位址。

Step.6 而〔**目標值**〕文字方塊裡當然就輸入期望的結果 0.21 囉!完成目標搜尋的對話後即可按下〔**確定**〕按鈕。

Step.7
隨即開啟〔**目標搜尋狀態**〕對話方塊,看到目標搜尋的求解,點按〔**確定**〕按鈕。

Step.8
工作表上即可看到結果:當工作項目 4 的預算提高至 67694.2 元時,此金額也剛好佔總預算金額的 21%。

分析藍本

透過分析藍本的建立和儲存,可以讓使用者隨時使用這些分析藍本來檢視 what-if 分析結果的資料。而什麼是分析藍本(scenario)呢?簡單的說,分析藍本就是一組可以代入特定專案或問題進行運算以獲取解答的數據。因此,我們可以為特定專案或問題,提出多組不同因素(變數)的期望數據,作為各組分析藍本的規劃,一一代入或問題中,以檢視並分析各組分析藍本的影響與結果。在此節,我們將以一家國際性的商品公司,其各地分公司對特定商品的年度產品銷售分析統計報表,進行分析藍本的規劃與分析實作。

建立並編輯分析藍本

以下範例為台北分店人體工學椅的產品銷售分析。每一張人體工學椅的售價為 8500 元,成本為 3786 元,透過公式計算出每一張人體工學椅的毛利為 4714 元。若平均每月可以銷售 352 張椅子,則每個月的總毛利也可以計算出來,應為 165 萬 9328 元,若將此數字乘以 12,則可算得每年的總毛利為 1991 萬 1936 元。因此,工作表中的儲存格 B4(毛利)、儲存格 B6(每月總毛利)、儲存格 E2(每年總毛利)都是含有公式的儲存格。此外,在年度費用支出的部份,計有薪資、設備、折舊、廣告、租金、文具費用、雜項支出等七大項目,所以,也可以透過加總的運算公式得知,年度費用支出,以此分店為例,年度的費用總支出為 998 萬 5000 元,當然也就可以計算出年度的稅前營收為 992 萬 6936 元。工作表上的 E11 儲存格(年度費用小計)與 E13 儲存格(稅前營收)也是含有公式的儲存格。當我們變更了非公式儲存格其內容的數據大小時,這些公式所計算出來的結果當然也就有所異動。

若我們希望各單位能夠提出計劃與看法，以自己認為最合理、最理想的數字來改變台北分店工作表上的資料數據，但不要實際的改變工作表上的儲存格內容，而是以建立一組分析藍本的操作方式，將欲變動的數據描述於分析藍本中，由分析藍本管理員（Scenario Manager）有效地管理。在此範例演練中，我們將建立一組名為〔**精實方案**〕的分析藍本，並設定此組分析藍本的變數位置為 B3、B4、E5 與 E8 等四個儲存格，而這四個變數儲存格的值希望分別代入：

➤ 儲存格 B3 產品售價：9,520

➤ 儲存格 B4 產品成本：4,224

➤ 儲存格 E5 薪資：3,840,000

➤ 儲存格 E8 廣告：2,640,000

首先，我們先建立一組原始資料數據的分析藍本，操作的方式是執行「工具／分析藍本」功能表指令操作後，進入「分析藍本管理員」對話方框，如下圖我們尚未建立任何一組分析藍本，因此，點按一下〔**新增**〕按鈕。

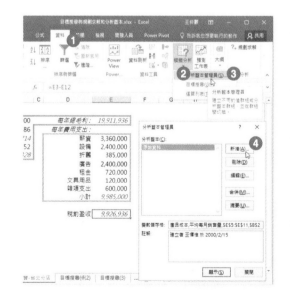

Step.1
點按〔**資料**〕索引標籤。

Step.2
點按〔**預測**〕群組裡的〔**模擬分析**〕命令按鈕。

Step.3
從展開的功能選單中點選〔**分析藍本管理員**〕功能選項。

Step.4
開啟〔**分析藍本管理員**〕對話方塊，點按〔**新增**〕按鈕。

Step.5
進入〔**新增分析藍本**〕對話方塊後，為此次的分析藍本取個名稱，例如：輸入此組分析藍本的名稱為「精實方案」。

Step.6
再設定此分析藍本要變更的變數儲存格。在此輸入 B3、B4、E5 與 E8 等四個儲存格位址。

Step.7
然後，點按〔**確定**〕按鈕。

接著便可以對變數資料進行變更，輸入期望的數據。

Step.8
輸入產品售價為 9520、產品成本為 4224、薪資為 3840000、廣告為 2640000。

Step.9
然後，點按〔**確定**〕按鈕，完成一組分析藍本的定義並可返回〔**分析藍本管理員**〕對話方塊。

分析藍本的結果

回到〔**分析藍本管理員**〕對話方塊後即可看到已經成功的建立分析藍本，若想要瞭解「精實方案」可以為台北分店帶來多少稅前營收，則只要點選「分析藍本管理員」對話方塊裡的「精實專案」分析藍本名稱後，按一下〔**顯示**〕按鈕，即可將此分析藍本內所含的各變數之數據帶入工作表上，顯示出計算的結果，看到稅前營收為 1166 萬 5304 元。

Step.10 點選「精實方案」分析藍本。

Step.11 點按〔**顯示**〕按鈕。

Step.12 「精實方案」可以為台北分店帶來 1166 萬 5304 元的稅前營收。

3-4-4 使用 Cube 函數從 Excel 資料模型取得資料 **

在商業世界中,要處理來自任何地方成千上萬的資料記錄,甚至某些行業會處理數百萬、數千萬的海量資料,都是司空見慣的!如此龐大的資料當然無法放在一張小小的工作表裡,幸運的是,透過樞紐分析可以摘要統計所要的資訊,依據不同的維度、視角,產生多面向的交叉統計與查詢、篩選,然而,樞紐分析所產生的仍是制式規格的行、列報表,無法在其中插入新的欄、列,或者拆解樞紐分析表,因為,有時候僅是需要擷取樞紐分析表的局部摘要結果來製作客製化、任意格式的彈性報表,此時,即可以使用 Cube 函數來解決,也就是說,在報表中使用 Cube 函數,將可以更容易控制好報表的版面,並且還可以在報表裡加入範圍參數,製作出更具彈性的報表。

Excel 一共提供了七個 Cube 函數:

CUBEKPIMEMBER 函數

功能:傳回關鍵效能指標(KPI)屬性,並在儲存格中顯示 KPI 名稱。KPI 是一個可量化的度量,例如用來監控組織績效的每月毛利或每季員工流動率。不過,必須在活頁簿連線到 Microsoft SQL Server 2005 Analysis Services 或更新的資料來源時,才支援 CUBEKPIMEMBER 函數。

語法:CUBEKPIMEMBER(connection, kpi_name, kpi_property, [caption])

CUBEKPIMEMBER 函數語法具有下列參數：

➤ connection，必要的參數。連線到 Cube 之連線名稱的文字字串。

➤ kpi_name，必要的參數。Cube 中 KPI 名稱的文字字串。

➤ kpi_property，必要的參數。傳回的 KPI 元件，可以為下列其中一項：

整數	列舉常數	描述
1	KPIValue	實際值
2	KPIGoal	目標值
3	KPIStatus	特定時間內的 KPI 狀態
4	KPITrend	一段時間內值的量值
5	KPIWeight	指定給 KPI 的相對重要性
6	KPICurrentTimeMember	KPI 的暫時內容

CUBEMEMBER 函數

功能：傳回 Cube 中的成員或 Tuple。用來驗證 Cube 中有成員或 Tuple 存在。

語法：CUBEMEMBER（connection, member_expression, [caption]）

CUBEMEMBER 函數語法具有下列參數：

➤ connection，必要的參數。連線到 Cube 之連線名稱的文字字串。

➤ member_expression，必要的參數。多維度運算式（MDX）的文字字串，會估算出 Cube 中的唯一成員。member_expression 也可以是指定為儲存格範圍或陣列常數的 Tuple。

➤ caption，選擇性的參數。取代 Cube 中的標題（如果已定義）而顯示在儲存格中的文字字串。當傳回 Tuple 時，所使用的標題是 Tuple 中最後一個成員的標題。

CUBEMEMBERPROPERTY 函數

功能：傳回 Cube 中成員屬性的值。用來驗證 Cube 內有成員名稱存在，並且傳回此成員的指定屬性。

語法：CUBEMEMBERPROPERTY（connection, member_expression, property）

CUBEMEMBERPROPERTY 函數語法具有下列參數：

➤ connection，必要的參數。連線到 Cube 之連線名稱的文字字串。

> member_expression，必要的參數。Cube 內成員的多維度運算式（MDX）文字字串。

> property，必要的參數。傳回之屬性名稱的文字字串，或包含屬性名稱之儲存格的參照。

CUBERANKEDMEMBER 函數

功能：傳回一個集合中的第 N 個或已排序的成員。用來傳回集合中的一個或多個元素，例如最頂尖的銷售人員或前 10 大暢銷商品。

語法：CUBERANKEDMEMBER（connection, set_expression, rank, [caption]）

CUBERANKEDMEMBER 函數語法具有下列參數：

> connection，必要的參數。連線到 Cube 之連線名稱的文字字串。

> set_expression，必要的參數。這是一組運算式的文字字串，如 "{[Item1]. 兒童 }"。Set_expression 也可以是 CUBESET 函數，或包含 CUBESET 函數之儲存格的參照。

> rank，必要的參數。這是指定要傳回之頂端數值的整數值。如果 rank 值是 1，會傳回頂端值；如果 rank 值是 2，則會傳回第二位頂端數值，依此類推。若要傳回頂端的 5 個數值，請使用 CUBERANKEDMEMBER 五次，每次指定從 1 到 5 的不同排名。

> caption，選擇性的參數。取代 Cube 中的標題（如果已定義）而顯示在儲存格中的文字字串。

CUBESET 函數

功能：將集合運算式傳送至伺服器上的 Cube，藉以定義成員或 Tuple 的已計算集合，從而建立集合，然後將該集合傳回給 Microsoft Excel。

語法：CUBESET（connection, set_expression, [caption], [sort_order], [sort_by]）

CUBESET 函數語法具有下列參數：

> connection，必要的參數。連線到 Cube 之連線名稱的文字字串。

> set_expression ，必要的參數。會產生一組成員或 Tuple 之集合運算式的文字字串。Set_expression 也可以是包含該集合中一個或多個成員、Tuple 或集合之 Excel 範圍的儲存格參照。

> caption，選擇性的參數。取代 Cube 中的標題（如果已定義）而顯示在儲存格中的文字字串。

> sort_order，選擇性的參數。要執行的排序類型（如果有的話），並且可以為下列其中一項（預設為 0）：

整數	列舉常數	描述	Sort_by 參數
0	SortNone	保留集合的現有順序	忽略
1	SortAscending	依 sort_by 以遞增順序將集合排序	必要
2	SortDescending	依 sort_by 以遞減順序將集合排序	必要
3	SortAlphaAscending	以字母遞增順序將集合排序	忽略
4	Sort_Alpha_Descending	以字母遞減順序將集合排序	忽略
5	Sort_Natural_Ascending	以自然遞增順序將集合排序	忽略
6	Sort_Natural_Descending	以自然遞減順序將集合排序	忽略

➤ Sort_by，選擇性的參數。排序依據之值的文字字串。例如，若要計算出銷售量最高的商品，set_expression 應為一組商品，而 sort_by 則應為銷售量值。或者，若要計算出報名人數最多的場次，set_expression 應為一組場次，而 sort_by 則應為報名人數的量值。如果 sort_order 需要 sort_by，而已省略 sort_by，則 CUBESET 會傳回 #VALUE! 錯誤訊息。

CUBESETCOUNT 函數

功能：傳回集合中的項目數。

語法：CUBESETCOUNT（set）

CUBESETCOUNT 函數語法具有下列參數：

➤ set，必要的參數。這是 Microsoft Excel 運算式的文字字串，會估算出 CUBESET 函數所定義的集合。Set 也可以是 CUBESET 函數，或包含 CUBESET 函數之儲存格的參照。

CUBEVALUE 函數

功能：傳回 Cube 中的彙總值。

語法：CUBEVALUE（connection, [member_expression1], [member_expression2], … ）

CUBEVALUE 函數語法具有下列參數：

➤ connection，必要的參數。連線到 Cube 之連線名稱的文字字串。

➤ member_expression，選擇性的參數。多維度運算式（MDX）的文字字串，會估算出 Cube 中的成員或值組（Tuple）。member_expression 也可以是以 CUBESET 函數定義的集合。使用 member_expression 做為交叉分析篩選器以定義會傳回其彙總值之 Cube

的一部分。如果沒有在 member_expression 中指定量值，則會使用該 Cube 的預設量值。

例如：

=CUBEVALUE（"ThisWorkbookDataModel",$B$1,$A$3,$A6,C$4）

以下範例即在儲存格 F4 使用 Cube 函數的組合與資料模型的公式，取得台中市最佳（最高）交易金額的送貨行政區。

儲存格 F4 裡的公式為：

=CUBERANKEDMEMBER（"ThisWorkbookDataModel",CUBESET（"ThisWorkbook DataModel","{（[範圍].[送貨城市].[台中市],[範圍].[送貨行政區].children）}"," 資料集 ",2,"[Measures].[以下資料的總和 : 交易金額]"）,1）

3-4-5 使用財務函數計算資料 **

Excel 所提供的函數共計有「財務函數」、「日期與時間函數」、「數學與三角函數」、「統計函數」、「檢視與參照函數」、「資料庫和清單管理函數」、「文字函數」、「邏輯函數」、「資訊函數」等類別，將近四百多個函數。您除了可以親自輸入函數外，還可以利用「插入函數」來執行函數的輸入、練習與解說範例之查詢。以下即為 Excel 所提供的財務函數：

財務函數	
ACCRINT	語法：ACCRINT(issue,first_interest,settlement,rate,par,frequency,basis) 傳回定期付息有價證券的應計利息
ACCRINTM	語法：ACCRINTM(issue,maturity,rate,par,basis) 傳回到期日一次性付息有價證券的應計利息
AMORDEGRC	語法：AMORDEGRC(cost,date_purchased,first_period,salvage,period,rate,basis) 傳回每個會計期間的折舊值

財務函數	
AMORLINC	語法：AMORLINC(cost,date_purchased,first_period,salvage,period,rate,basis) 傳回每個會計期間的折舊值
COUPDAYBS	語法：COUPDAYBS(settlement,maturity,frequency,basis) 傳回目前付息期內截止到成交日的天數
COUPDAYS	語法：COUPDAYS(settlement,maturity,frequency,basis) 傳回成交日所在的付息期的天數
COUPDAYSNC	語法：COUPDAYSNC(settlement,maturity,frequency,basis) 傳回從成交日到下一付息日之間的天數
COUPNCD	語法：COUPNCD(settlement,maturity,frequency,basis) 傳回成交日過後的下一付息日的日期
COUPNUM	語法：COUPNUM(settlement,maturity,frequency,basis) 傳回成交日和到期日之間的利息應付次數
COUPPCD	語法：COUPPCD(settlement,maturity,frequency,basis) 傳回成交日之前的上一付息日的日期
CUMIPMT	語法：CUMIPMT(rate,nper,pv,start_period,end_period,type) 傳回兩個期間之間累計償還的利息數額
CUMPRINC	語法：CUMPRINC(rate,nper,pv,start_period,end_period,type) 傳回兩個期間之間累計償還的本金數額
DB	語法：DB(cost，salvage，life，period，month) 傳回固定資產在指定期間按定率遞減法計算的折舊
DDB	語法：DDB(cost，salvage，life，period，factor) 傳回固定資產在指定期間按倍率遞減法或其它指定方法計算的折舊
DISC	語法：DISC(settlement,maturity,pr,redemption,basis) 傳回證券的貼現
DOLLARDE	語法：DOLLARDE(fractional_dollar,fraction) 將以分數表示的貨幣價格轉換成以十進位數字表示的貨幣價格
DOLLARFR	語法：DOLLARFR(decimal_dollar,fraction) 將以十進位數字表示的貨幣價格轉換成以分數表示的貨幣價格
DURATION	語法：DURATION(settlement,maturity,coupon yld,frequency,basis) 傳回具有應付定期利息之證券的年度期間
EFFECT	語法：EFFECT(nominal_rate,npery) 傳回有效的年度利率

財務函數	
FV	語法：FV(rate，nper，pmt，pv，type) 在已知各期期付款、利率及期數的條件下，傳回某項投資的年金終值
FVSCHEDULE	語法：FVSCHEDULE(principal,schedule) 傳回支付一系列複合利率之後的原始本金終值
INTRATE	語法：INTRATE(settlement,maturity,investment,redemption,basis) 傳回全投資之證券的利率
IPMT	語法：IPMT(rate，per，nper，pv，fv，type) 傳回某項投資於付款方式為定期、定額及固定利率時，某一期應付利息之金額
IRR	語法：IRR(values，guess) 傳回某一連續期間現金流量的內部報酬率
ISPMT	語法：ISPMT(rate，per，nper，pv) 傳回直線式貸款利息
MDURATION	語法：MDURATION(settlement,maturity,coupon,yld,frequency,basis) 傳回票面價值假設為 $100 的證券之 Macauley 修正期間
MIRR	語法：MIRR(values，finance_rate，reinvest_rate) 傳回依不同利率對各期正數及負數之現金流量融資的內部報酬率
NORMINAL	語法：NORMINAL(effect_rate,npery) 傳回年度名目利率
NPER	語法：NPER(rate，pmt，pv，fv，type) 傳回每期付款金額及利率固定之某項投資的期數
NPV	語法：NPV(rate，value1，value2，.....) 在已知相等期間現金流量及貼現率的條件下，傳回某項投資的淨現值
ODDFPRICE	語法：ODDFPRICE(settlement,maturity,issue,first_coupon,rate,yld,redemption,frequency,basis) 傳回每 $100 票面價值之奇數前期證券的價格
ODDFYIELD	語法：ODDFYIELD(settlement,maturity,issue,first_coupon,rate,pr,redemption,frequency,basis) 傳回奇數前期證券的收入
ODDLPRICE	語法：ODDFLPRICE(settlement,maturity,last_interest,rate,yld,redemption,frequency,basis) 傳回每 $100 票面價值之奇數後期證券的價格
ODDLYIELD	語 法：ODDLYIELD(settlement,maturity,last_interest,rate,pr,redemption,frequency,basis) 傳回奇數後期證券的收入

財務函數	
PDURATION	語法：PDURATION(Rate, PV, FV) 可傳回投資達到指定值時所需的週期數
PMT	語法：PMT(rate，nper，pv，fv，type) 傳回每期付款金額及利率固定之年金期付款數額
PPMT	語法：PPMT(rate，per，nper，pv，fv，type) 傳回每期付款金額及利率皆為固定之某項投某期付款中的本金數額
PRICE	語法：PRICE(settlement,maturity,rate,yld,redemption,frequency,basis) 傳回支付定期利率之證券每 $100 票面價值的價格
PRICEDISC	語法：PRICEDISC(settlement,maturity,discount,redemption,basis) 傳回貼現證券每 $100 票面價值的價格
PRICEMAT	語法：PRICEMAT(settlement,maturity,issue,rate,yld,basis) 傳回在到期日支付利息之證券每 $100 票面價值的價格
PV	語法：PV(rate，nper，pmt，fv，type) 傳回某項投資的年金現值
RATE	語法：RATE(nper，pmt，pv，fv，type guess) 傳回年金每期的利率
RECEIVED	語法：RECEIVED(settlement,maturity,investment,discount,basis) 傳回完全投資之證券在到期日已收的金額
RRI	語法：RRI(Nper, Pv, Fv) 可傳回投資成長的對等利率。
SLN	語法：SLN(cost，salvage，life) 傳回某項固定資產某期間按直線折舊法所計算的每期折舊金額
SYD	語法：SYD(cost，salvage，life，per) 傳回某項固定資產某期間按年數合計法所計算的每期折舊金額
TBILLEQ	語法：TBILLEQ(settlement,maturity,discount) 傳回國庫券的債券等效收益率
TBILLPRICE	語法：TBILLPRICE(settlement,maturity,discount) 傳回面值 $100 的國庫券的價格
TBILLYIELD	語法：TBILLYIELD(settlement,maturity,pr) 傳回國庫券的收益率
VDB	語 法：VDB(cost，salvage，life，start_period，end_period，factor，no_switch) 傳回某項固定資產某期間的折舊數總額，折舊係按倍率餘額遞減法或其它您所指定的遞減速率計算

財務函數	
XIRR	語法：XIRR(values,dates,guess) 傳回一組不定期發生的現金流的內部收益率
XNPV	語法：XNPV(rate,values,dates) 傳回一組不定期發生現金流的淨現值
YIELD	語法：YIELD(settlement,maturity,rate,pr,redemption,frequency,basis) 傳回定期付息有價證券的收益率
YIELDDISC	語法：YIELDDISC(settlement,maturity,pr,redemption,basis) 傳回折價發行的有價證券的年收益率，例如：國庫券
YIELDMAT	語法：YIELDMAT(settlement,maturity,issue,rate,pr,basis) 傳回到期日付息的有價證券的年收益率

雖然與財務相關的函數多達 55 個，不過，最常用的還是 PMT、FV、PV、RATE、NPER、IRR、DDB 等會計領域或生活上會運用到的函數。例如：我們可以使用 FV 函數透過已知的支付額、利率、與期數，求得投資期滿後可以回收的金額（終值）。此函數的語法為：

=FV（利率，期數，投資金額，期初存入金額，型態）

例如：

定期存款

利用 FV 函數可以決定投資的未來值之最佳利器。也就是

範例：李大同每月存款 2 萬元、年利率 1.25%，採複利計算利息，10 年後，李大同會有多少存款？

=FV（1.25%/12，120，-20000）

=2,555,035 元

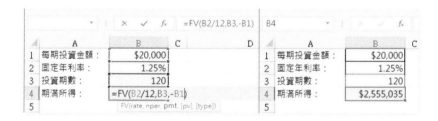

範例：王小明參加定期儲蓄存款，期初，已經存入 20 萬元，以後，每月存入 5 千元；如果年率為 1.08%，預計持續存款 5 年，則期滿後的存款共為多少？

=FV（1.08%/12，5*12，-5000，-200000）

=519,197 元

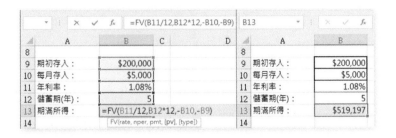

借貸分析是生活上常用的函數，在此為您介紹三個與借貸作業相關的函數：PMT、PPMT 與 IPMT。

PMT 函數 – 計算貸款每期期付的本金與利息。 也就是由已知的本金、利率、與期數，而求得貸款每期固定所要支付的本金與利息。此函數的語法為：

=PMT（利率，期數，現值，未來值，型態）

TIPS & TRICKS

在與財務相關且為借、貸、或有期數相關的參數中，多有〔型態〕參數的規範，所謂的〔型態〕參數設定，指的是給付時間點是期末還是期初。若是設定此〔型態〕參數為 0 或省略，代表期末給付本利；若是設定此〔型態〕參數為 1 則代表期初給付本利。

PPMT 函數 – 在已知現值、利率、與期數的條件下，您可以計算出指定投資期所支付的本金。也就是說，利用 PPMT 您可以得知在貸款的期間，第 n 期所支付的本金為何？此函數的語法為：

=PPMT（利率，投資期，期數，現值，未來值，型態）

IPMT 函數 – 在已知現值、利率、與期數的條件下，您可以計算出指定投資期所支付的利息。也就是說，利用 IPMT 您可以得知在貸款的期間，第 n 期所支付的利息為何？此函數的語法為：

=IPMT（利率，投資期，期數，現值，未來值，型態）

以上可知，PMT（ ）=PPMT（ ）+IPMT（ ）

例如：年利率 2.25% 的貸款，貸款金額為 350 萬，期限為 20 年，則貸款期間每個月都需繳交多少的本利（本金與利息）呢？

=PMT（2.25%/12，20*12，-3500000）

=18,123.3 元

而此 20 年間，共計 240 期，第 120 期時所支付的本金為何：

=PPMT（2.25%/12，120，20*12，-3500000）

=14,447.7 元

第 120 期時所支付的利息為何：

=IPMT（2.25%/12，120，20*12，-3500000）

=6,675.6

所以，14,447.7 + 6,675.6=18,123.3

第 200 期時所支付的本金為何：

=PPMT（2.25%/12，200，20*12，-3500000）

=16,783,5

第 200 期時所支付的利息為何：

=IPMT（2.25%/12，200，20*12，-3500000）

=1,339.8

所以，16,783,5 + 1,339.8=18,123.3

	A	B	C	D
1	年利率：	2.25%		
2	貸款金額：	3500000		
3	貸款期限(年)：	20		
4	每月償付的本金與利息：	$18,123.3		=PMT(B1/12,B3*12,-B2)
5				
6	第 n 期：	120		
7	所支付的本金為：	$14,447.7		=PPMT(B1/12,B6,B3*12,-B2)
8	所支付的利息為：	$3,675.6		=IPMT(B1/12,B6,B3*12,-B2)
9	所支付的本金與利息合計：	$18,123.3		=B7+B8
10				
11	第 n 期：	200		
12	所支付的本金為：	$16,783.5		=PPMT(B1/12,B11,B3*12,-B2)
13	所支付的利息為：	$1,339.8		=IPMT(B1/12,B11,B3*12,-B2)
14	所支付的本金與利息合計：	$18,123.3		=B12+B13
15				

實作練習

➤ 開啟〔**練習 3-4.xlsx**〕活頁簿檔案：

1. 在 "問卷" 工作表上，透過查詢操作將儲存在 文件 資料夾裡的〔**問卷調查 07.xlsx**〕活頁簿載入到儲存格 A1 開始的位置，並僅載入 "性別"、"年齡"、"地區" 以及 " 產品喜好程度 " 等四個欄位資料。

解

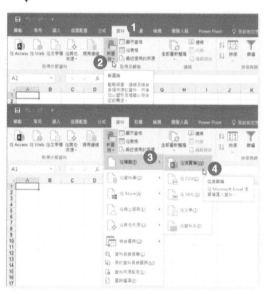

Step.1 點按〔**資料**〕索引標籤。

Step.2 點按〔**取得並轉換**〕群組裡的〔**新查詢**〕命令按鈕。

Step.3 從展開的下拉式功能選單中點選〔**從檔案**〕選項。

Step.4 從展開的副選單中點選〔**從活頁簿**〕。

Step.5 開啟〔**匯入資料**〕對話方塊，選擇來源檔案，此範例為〔**問卷調查 07.xlsx**〕。

Step.6 然後，點按〔**匯入**〕按鈕。

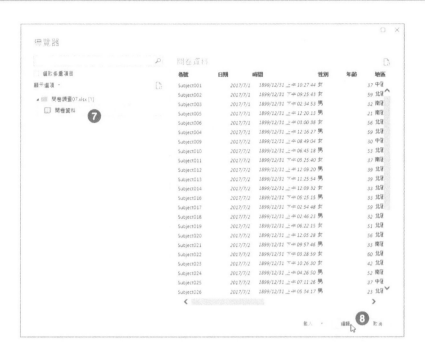

Step.7 開啟〔**導覽器**〕對話,在此點選 Excel 活頁簿裡想要連線的工作表範圍或
資料表。例如:此例的〔**問卷資料**〕。

Step.8 點按〔**編輯**〕按鈕,即可進入查詢編輯器視窗。

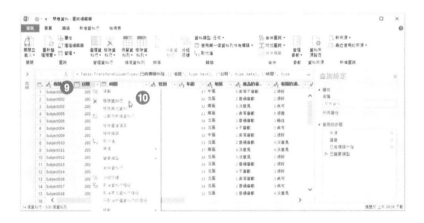

Step.9 進入查詢編輯器視窗,選取不想擷取的欄位,例如:〔**卷號**〕欄位、〔**日
期**〕欄位與〔**時間**〕欄位。

Step.10 以滑鼠右鍵點按這些選取的欄位(不想擷取的欄位),並從展開的快顯功
能表中點選〔**移除資料行**〕功能選項。

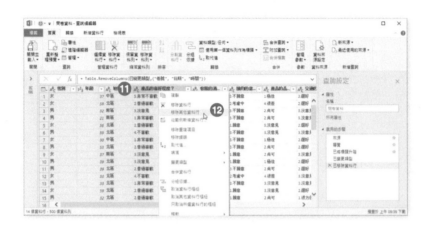

Step.11 選取想擷取的欄位,例如:〔**性別**〕欄位、〔**年齡**〕欄位、〔**地區**〕欄位與 〔**產品喜好程度**〕等四個欄位。

Step.12 以滑鼠右鍵點按這些選取的欄位(想擷取的欄位),並從展開的快顯功能 表中點選〔**移除其他資料行**〕功能選項。

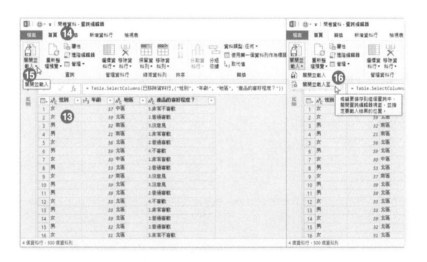

Step.13 查詢編輯器視窗裡僅留下想擷取的欄位〔**性別**〕、〔**年齡**〕、〔**地區**〕與 〔**產品喜好程度**〕等四個欄位。

Step.14 點按查詢編輯器視窗裡的〔**首頁**〕索引標籤。

Step.15 點按〔**關閉**〕群組裡的〔**關閉並載入**〕命令按鈕。

Step.16 從展開功能選單中點選〔**關閉並載入至**〕選項。

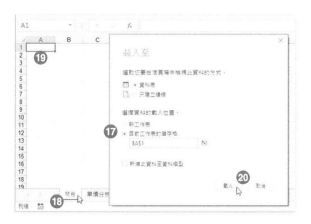

Step.17 開啟〔**載入至**〕對話，點選〔**目前工作表的儲存格**〕選項。

Step.18 點選活頁簿裡的〔**問卷**〕工作表索引標籤。

Step.19 點選儲存格位址 A1 或直接輸入「A1」。

Step.20 點按〔**載入**〕按鈕。

Step.21 順利載入外部活頁簿資料檔案裡的指定四個資料欄位內容。

Step.22 功能區上方也提供〔**查詢工具**〕可供編輯查詢的載入資料。

Step.23 畫面右側也提供〔**活頁簿查詢**〕功能窗格可用。

2. 在"單價分析"工作表上,使用 Excel 假設分析的預測特性,計算商品 31128 的每單位價格要達到多少可以使得"Margin"最接近 20%。

解

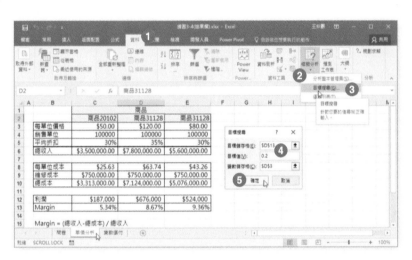

Step.1 點按〔**資料**〕索引標籤。

Step.2 點按〔**模擬**〕群組裡的〔**模擬分析**〕命令按鈕。

Step.3 從展開的功能選單中點選〔**目標搜尋**〕功能選項。

Step.4 開啟〔**目標搜尋**〕對話方塊,選取或輸入目標儲存格為 D13、輸入目標值 為「0.2」,並選取或輸入變數儲存格為 D3。

Step.5 點按〔**確定**〕按鈕。

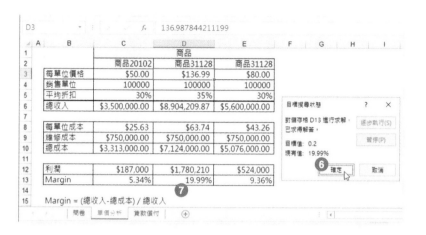

Step.6 隨即開啟〔**目標搜尋狀態**〕對話方塊，看到目標搜尋的求解，點按〔**確定**〕按鈕。

Step.7 工作表上即可看到結果：當商品 31128 的每單位價格要達到 136.99 元時，所獲取的使得 "Margin" 最接近 20%。

3. 在 "貸款償付" 工作表的儲存格 C10 ，新增一個公式，以計算出每月償付的金額。假設每月期初償付本利，貸款金額應該先將價格減去 "自備款"。

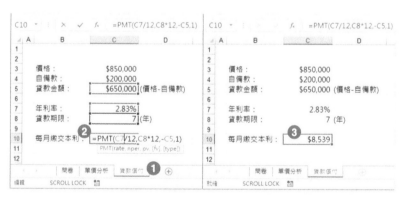

Step.1 點選 "貸款償付" 工作表。

Step.2 點選儲存格 C10，輸入公式「=PMT（C7/12,C8*12,-C5,1）」。

Step.3 完成公式的建立並顯示公式的執行結果。

3-5　疑難排解公式

在工作表裡的公式經常會有參照其他公式儲存格或數字、文字儲存格的需求,而特定的儲存格裡其內容資料可以影響到哪些公式的運算結果?或被哪些儲存格所影響?這些從屬之間的關係就不是人力與記憶所及的了,此時,透過追蹤從屬參照的操作,將可以解決這方面的問題。萬一工作表上真的發生了公式錯誤時,利用公式錯誤檢查的功能,也可以協助使用者進行公式與函數的疑難排除。

3-5-1　追蹤前導參照與從屬參照*

如果只是一兩個公式而已、如果每個公式裡所參照的儲存格位址都只是一兩個而已,要了解彼此之間的參照與從屬關係可能不是那麼困難,可是,要是公式複雜,參照的儲存格位址或範圍也多,要在茫茫大海中釐清每個公式的運算是受到哪些儲存格的值所影響?在特定的儲存格裡其內容資料可以影響到哪些公式的運算結果?在 Excel 的公式稽核功能,正可以為我們解決這方面的困擾。

在公式稽核的操作中,分成〔**追蹤前導參照**〕以及〔**追蹤從屬參照**〕。所謂的〔**前導參照**〕,指的是針對含有公式或函數的儲存格,其內含的公式或函數中包括了哪些儲存格參照,亦即哪些儲存格會影響此儲存格。例如:平均分數儲存格 H6 裡包含了計算平均的公式,而此公式是由總積分儲存格 G6 以及總學分儲存格 K8 而來的,因此,影響此公式計算結果的儲存格便是 G6 與 K8。只要您將作用儲存格移至 H6,點按〔**公式**〕索引標籤後,按一下〔**公式稽核**〕群組裡的〔**追蹤前導參照**〕按鈕,工作表上將立即顯示兩條藍色箭頭線,起點分別是 G6 與 K8 並同時指向 H6。

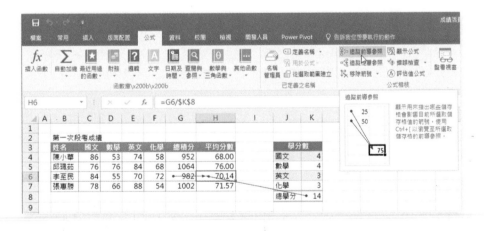

簡言之,追蹤前導參照就是利用箭號線條表示哪些儲存格會影響目前選定的作用儲存格之值。

如果再按一下〔追蹤前導參照〕按鈕，即可看到又多了好多條藍色箭頭線，原來，影響 H6 的 G6 和 K8 其實也都是公式儲存格，所以，這幾個儲存格也受到其他儲存格的影響，因此，當您再度按下〔追蹤前導參照〕按鈕後，便會再往前推論相關的前導參照。

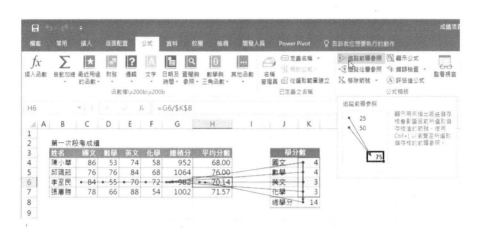

透過〔**追蹤前導參照**〕顯示公式與儲存格間的關係。

如果您想要瞭解目前的作用儲存格之值若有變更，會影響到哪些公式儲存格的計算結果，這便是所謂的〔從屬參照〕。例如：當儲存格 K6 的英文學分，有異動時，會影響到哪些儲存格，反過來說，也就是哪些儲存格裡的公式中都會參照到 K6。只要您將作用儲存格移至 K6，點按〔**公式**〕索引標籤後，按一下〔**公式稽核**〕群組裡的〔**追蹤從屬參照**〕按鈕，工作表上將立即顯示四條藍色箭頭線，從儲存格 K6 為起點，分別指向儲存格 K8、G4、G5 與 G6，表示這四個儲存格裡的公式計算都有參照到儲存格 K6。

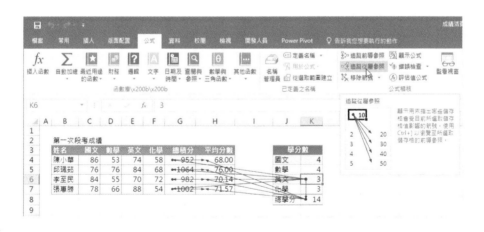

簡言之，追蹤從屬參照就是利用箭號線條來表示哪些儲存格被目前所選定的作用儲存格之值所影響。

若要移除由〔**追蹤前導參照**〕或〔**追蹤從屬參照**〕所產生的箭頭線，則可以點按〔**公式稽核**〕群組裡的〔**移除箭號**〕按鈕即可。

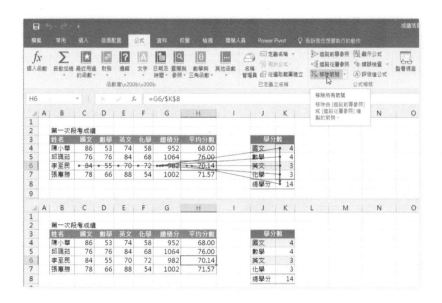

3-5-2 使用監看式視窗監視儲存格與公式 **

當工作表愈來愈大、愈複雜，或者，活頁簿裡有多張作表時，在工作表上可能無法看到每一個儲存格彼此之間的影響。尤其是想要針對工作表進行變更並觀察工作表上的相關變化時，此刻，您便可以利用〔**監看視窗**〕來監看指定的儲存格與哪些會有影響和參照公式。活用〔**監看視窗**〕將使得檢查、稽核或確認大型工作表中的公式計算及結果，變得更加簡便、有效率。使用者也就不再需要重複的捲動或移至工作表的不同部位來檢視工作表內容。

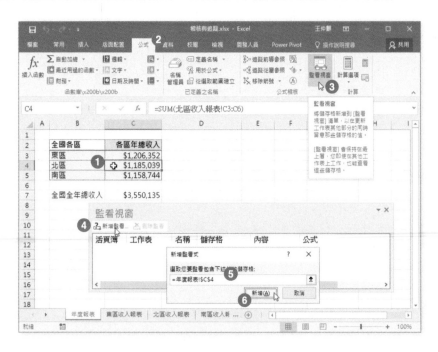

Step.1　點選工作表上想要監看的儲存格或範圍。

Step.2　點按〔公式〕索引標籤。

Step.3　點按〔公式稽核〕群組裡的〔監看視窗〕命令按鈕。

Step.4　開啟〔監看視窗〕對話方塊，點按〔新增監看〕按鈕。

Step.5　開啟〔新增監看式〕對話方塊，可在此確認剛剛選取的儲存格或範圍，或重新選取想要監看的儲存格或範圍。

Step.6　點按〔新增〕按鈕。

Step.7　立即開啟〔監看視窗〕，可在此了解受到監看的儲存格或範圍的位址與內容（運算結果）、公式。

3-5-3　使用錯誤檢查規則驗證公式 *

建立工作表的過程中，在儲存格裡輸入公式、函數，是件頗為稀鬆平常之事，然而，可能因為鍵盤的誤打誤敲或漏打某些字句符號、記錯或拼錯函數名稱、看錯儲存格位址、參考錯誤的訊息、甚至是因為刪除了某些工作表上的資料而導致其他公式參考錯誤、…以上種種的公式、函數之錯誤建立與登打，不但會造成錯誤的值，也會導致非預期的結果。

綜觀，在輸入公式或函數時常犯的錯誤有：

➤ 需要左右括弧對稱時漏掉括號了（在建立公式時，Excel 會將輸入的括號以彩色顯示）。

➤ 沒有使用冒號來表示範圍區域。

➤ 輸入函數時缺少應有的參數（又稱引數）。

➤ 建立了過於冗長複雜的函數，譬如：超過了六十四個層級的巢狀函數 。

➤ 無法確認每個外部參照都包含活頁簿名稱和活頁簿的路徑。

可喜可賀的是在 Excel 的操作中，會主動為您更正建立公式中常發生的錯誤問題。其中有兩種方式可以檢閱錯誤：

1. 像拼字檢查一樣一次進行。

2. 立即在您工作的工作表上進行，找到錯誤時，儲存格左上方會出現三角形。

有時候在輸入公式與函數時，所發生的錯誤可能是屬於函數語法上的錯誤或發生參考錯誤位址，或者是在輸入公式的過程中看錯了想要參考的儲存格位址、…。當發生這類型的錯誤時，所鍵入的公式或函數往往還是會順利地輸入至儲存格裡，但是正如同文書處理軟體的文法檢查工具一般，Excel 會根據特定的規則來檢查公式中的錯誤，並在該儲存格的左上方顯示出現一個綠色小三角形的符號標示。

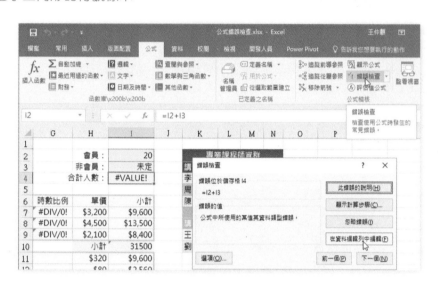

工作表上出現了多個錯誤的公式輸入。

TIPS & TRICKS

Excel 2016 會根據特定的規則來檢查公式中的錯誤。雖然這些規則並無法保證工作表中已建立的公式或函數完全沒有錯誤，但是，它們卻可以用來持續檢查常見錯誤。您可以個別開啟或關閉這些規則。

如果輸入的公式或函數不能正確地計算出結果，Excel 會顯示錯誤值，每種錯誤的類型也都有不同的原因以及不同的解決方式。以下則為常見的錯誤訊息以及該錯誤訊息的意義。

錯誤訊息	意義
#####	當欄位寬度不足或使用了負數日期和時間，會出現此錯誤。
DIV/0!	當公式的運算中，若數字除以零（0），意即分母為 0 時，會出現此錯誤。
#N/A	當函數或公式裡無法取得某個值，會出現此錯誤。
#NAME?	如果 Excel 無法辨識公式中的文字則會發生此錯誤。
#NULL!	此錯誤發生於指定兩個不相交的交集區域。交集運算子是參照間的空白。
#NUM!	此錯誤發生於公式或函數中有無效的數值。
#REF!	此錯誤發生於儲存格參照（儲存格參照：儲存格在工作表上佔據的一組座標。例如，出現在欄 B 與列 3 交叉處儲存格的參照是 B3。）無效時。
#VALUE#	此錯誤發生於使用錯誤類型的參數（參數：函數用來執行作業或計算的值。函數使用的參數類型是函數特定的。函數中使用的一般參數包含數字、文字、儲存格參照及名稱。）或運算元（運算元：公式中位於運算子兩邊的項目。在 Excel 中，運算元可以是值、儲存格參照、名稱、標籤及函數。）。

基本上，我們可以根據所顯示的綠色小三角形所在位置，了解這是一個可能發生錯誤運算的儲存格，只要移到該儲存格，會顯示智慧標籤按鈕，可以展開與錯誤處理相關的下拉式功能選單操作，即可接受或檢視 Excel 所提供的建議與資訊。

輸入完公式或函數後，若檢查出公式或函數中有錯誤，除了會顯示錯誤訊息外，儲存格的左上方亦會顯示出現一個綠色小三角形的符號標示。

作用儲存格移至該錯誤的儲存格後，立即顯示智慧標籤按鈕，滑鼠指標停在此按鈕上，會顯示錯誤的原因訊息。

點按此按鈕，會顯示下拉式功能選單，點選〔關於這個錯誤的說明〕。

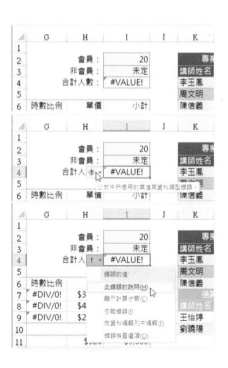

最常見的兩個錯誤訊息 #NAME? 與 #VALUE? 其意義如下：

1. #NAME? 是大多數使用者經常會犯錯的一種使用名稱錯誤的訊息，很可能是：

➤ 使用了不存在的名稱。

➤ 名稱拼字錯誤。

➤ 使用函數時拼錯函數名稱。

➤ 在公式中輸入文字時，沒有使用雙引號將文字框起來。

2. #VALUE? 也是使用者常會碰到的一種使用錯誤類型的參數或運算元錯誤的訊息，可能是：

➤ 需要數值或邏輯值時，輸入的資料卻是文字。

➤ 沒有提供公式或函數正確的運算元或參數。

➤ 公式中所參照的儲存格裡不是有效值或錯誤的 #VALUE! 值。

如果工作表頗為龐大、複雜，當然很難透過雙眼逐一看出每個發生錯誤的地方，因此，透過公式稽核功能，對整個工作表進行掃描，即可讓 Excel 逐一找尋錯誤的儲存格。以下便是利用 Excel 的錯誤檢查工具，檢查並決解決工作表上所發生的錯誤問題。

Step.1
點按〔**公式**〕索引標籤。

Step.2
點按〔**公式稽核**〕群組裡的〔**錯誤檢查**〕按鈕。

Step.3 立即掃描檢查整張工作表，並停留在第一個發生錯誤的地方。譬如：在儲存格 I4 顯示了錯誤值：「#VALUE!」。

Step.4 同時在開啟的〔**錯誤檢查**〕對話方塊中，顯示此工作表中的儲存格 I4 裡所輸入的公式「=I2+I3」發生了錯誤。可是「=I2+I3」的算式寫法在文法上也沒錯！

Step.5 可以點按〔**在資料編輯列中編輯**〕按鈕，在工作表上看看是否有其他狀態。

Step.6 在工作表上看到「=I2+I3」的算式沒錯，原來是儲存格 I3 尚未輸入數字，而暫時輸入「未定」文字，難怪「=I2+I3」的算式即使沒錯也無法計算出正確的值。

Step.7 直接點按工作表上的儲存格 I3，鍵入數值「8」，便可以看到原先顯示錯誤值「#VALUE!」的公式儲存格，已經正確地計算出結果了。

Step.8 點按〔**錯誤檢查**〕對話方塊裡的〔**繼續**〕按鈕，往下繼續搜尋工作表上其他可能發生的錯誤公式。

Step.9 持續掃描檢查工作表上的錯誤，此時停留在儲存格 G7，顯示了錯誤值：「#DIV/0!」。這是代表除法的計算中發生了除以 0 的錯誤，也就是分母為 0 的狀態。

Step.10 不論從對話方塊或從工作表中皆可看出，G7 的公式為「=E7/$E$10」，因此，我們可以檢查一下儲存格 E10 的內容。

Step.11 看到工作表上儲存格 E10 的內容是空的，難怪 G7 的公式「=E7/$E$10」會顯示「#DIV/0!」（其實，連儲存格 G8、G9 也都是除以 E10 的公式，也都顯示了「#DIV/0!」）。

Step.12 此時請修改工作表上儲存格 E10 的內容，鍵入公式「=SUM（E7:E9）」。

Step.13 完成後不但顯示出總時數的計算結果，G7:G9 這三格原本發生「#DIV/0!」錯誤的儲存格也立即更正完畢，計算出正確的結果了。

依此類推，持續點按〔**錯誤檢查**〕對話方塊裡的〔**繼續**〕按鈕，往下繼續搜尋工作表上其他可能發生的錯誤公式。

Step.14 持續掃描檢查工作表上的錯誤，此時停留在儲存格 D9，顯示了錯誤值：「#REF!」。

Step.15 在資料編輯列上看看此儲存格的內容為「=#REF!」，這通常代表發生了儲存格參照的錯誤，有可能原本是「=」開頭並連結參照到其他儲存格位址的公式，有可能該連結參照的位置已經被刪除了，因而導致此公式是參照錯誤。

Step.16 這是屬於必須親自重新輸入正確參照位址的錯誤。所以，可以暫時點按〔**錯誤檢查**〕對話方塊裡的〔**忽略錯誤**〕按鈕，往下繼續搜尋工作表上其他錯誤公式。

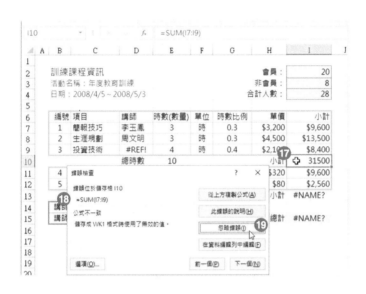

Step.17 接著繼續再掃描檢查工作表上的錯誤，此時停留在儲存格 I10，不過，此儲存格並未顯示錯誤值，反而仍計算出正確的結果，只是此儲存格的左上方還是顯示著代表錯誤運算的綠色小三角形符號。

Step.18 在看了〔**錯誤檢查**〕對話方塊裡的解釋後，理解到該儲存格裡的公式與其他鄰近區域的公式並不相同。原來此儲存格 I10 的公式是上方三格相加，也就是「=SUM（I7:I9」，但鄰近的上、下兩格（I9 與 I11）的公式分別是「=E9*H9」以及「=E11*H11」，所以，Excel 2016 發覺這三個相鄰的儲存格公式寫法不相似時，雖然仍計算出正確結果，但也貼心的提出疑問，此刻左上方顯示的綠色小三角形符號僅算是警示訊息。

Step.19 既然公式無誤，即可點按〔**錯誤檢查**〕對話方塊裡的〔**忽略錯誤**〕按鈕，往下繼續搜尋工作表上其他可能發生的錯誤。

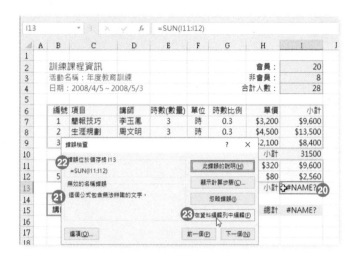

Step.20 繼續往下掃描工作表,此時停在儲存格 I13 顯示了錯誤值:「#NAME ?」。

Step.21 這表示發生了公式中包含無法識別的文字。

Step.22 看看資料編輯列上的公式才瞭解,原來原本想要輸入加總函數「=SUM(I11:I12)」,卻輸入成「=SUN(I11:I12)」了。

Step.23 點按〔錯誤檢查〕對話方塊裡的〔**在資料編輯列中編輯**〕按鈕,直接編輯修訂此儲存格裡的公式。

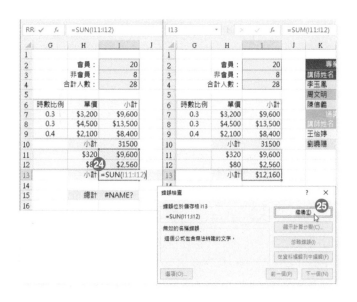

Step.24 輸入成正確的加總函數「=SUM(I11:I12)」。完成後,您也會發覺,原本也有著「#NAME?」錯誤訊息的儲存格 I15,也因為此次的正確加總公式的修正,而變成沒錯,並計算出正確的結果。

Step.25 點按〔錯誤檢查〕對話方塊裡的〔**繼續**〕按鈕,往下搜尋可能發生的錯誤公式。

Step.26 繼續往下掃描工作表，此時停在儲存格 D15 顯示了錯誤值：「#NULL!」。

Step.27 這表示發生了公式中所描述的範圍沒有交疊。

Step.28 看看資料編輯列上的公式才瞭解，原來此儲存格裡所輸入的平均函數 AVERAGE 是要計算兩個範圍的平均，在語法上，兩個範圍應該要以逗點分隔，在此卻輸入成空格了「=AVERAGE（N4:N5 N9:N10）」。

Step.29 點按〔錯誤檢查〕對話方塊裡的〔**在資料編輯列中編輯**〕按鈕，直接編輯修訂此儲存格裡的公式。

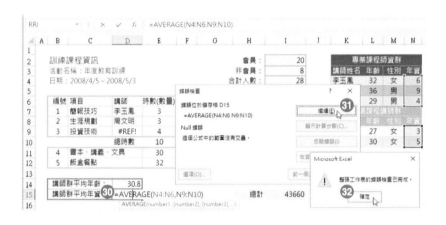

Step.30 輸入正確的平均函數「=AVERAGE（N4:N5,N9:N10）」即可計算出正確的答案。

Step.31 點按〔錯誤檢查〕對話方塊裡的〔**繼續**〕按鈕，往下繼續搜尋錯誤公式。

Step.32 由於工作表上已經沒有錯誤了，因此會開啟錯誤檢查已完成的訊息對話方塊，請點按〔**確定**〕按鈕，這份工作表的錯誤檢查也就大功告成了。

錯誤檢查規則的預設

正如此章節所述,在操作 Excel 的過程中,會自動為使用者檢查所輸入的資料、公式與函數是否有錯誤,並提出適當的警示訊息,而這些錯誤檢查規則的啟動與否可由使用者自行決定,也就是說,如果您的 Excel 功力與日俱增,發生錯誤使用或錯打輸入、誤植公式、函數的機率微乎其微,您也可以根據自己的喜好或使用習性,取消部分的錯誤檢查規則。下列即為九項 Excel 預設的錯誤檢查規則,您可以在〔Excel 選項〕的對話操作中決定是否啟用。

➤〔儲存格包含導致錯誤的公式〕

　　勾選此核取方塊後,Excel 就會將包含導致錯誤之公式的儲存格視為錯誤,並顯示警告。

➤〔表格中有不一致的計算結果欄公式〕

　　勾選此核取方塊後,Excel 就會將包含的公式或值與欄公式或表格不一致的儲存格視為錯誤,並顯示警告。

➤〔包含兩位數西元年份的儲存格〕

　　勾選此核取方塊後,Excel 就會將包含格式設定為文字且含有兩位數西元年份之儲存格的公式視為錯誤,並且在檢查錯誤時顯示警告。

➤〔格式化為文字或以單引號開頭的數字〕

　　勾選此核取方塊後,Excel 就會將格式設定為文字或以單引號開頭的數字視為錯誤,並顯示警告。

➤〔與範圍中其他公式不一致的公式〕

　　勾選此核取方塊後,Excel 就會將工作表某個範圍內與相同範圍內其他公式不同的公式視為錯誤,並顯示警告。

➤〔省略範圍中部分儲存格的公式〕

　　勾選此核取方塊後,Excel 就會將省略範圍內某些儲存格的公式視為錯誤,並顯示警告。

➤〔解除鎖定內含公式的儲存格〕

　　勾選此核取方塊後,Excel 就會將包含公式但未解除鎖定的儲存格視為錯誤,並且在檢查錯誤時顯示警告。

➤〔參照到空白儲存格的公式〕

　　勾選此核取方塊後,Excel 就會將參照到空白儲存格的公式視為錯誤,並顯示警告。

➤〔輸入表格的資料無效〕

　　勾選此核取方塊後,Excel 就會將包含的值與連線至 SharePoint 清單中資料之表格欄資料類型不一致的儲存格視為錯誤,並顯示警告。

Step.1 點按〔**檔案**〕索引標籤。

Step.2 進入後台管理頁面，點按〔**選項**〕。

Step.3 開啟〔Excel **選項**〕對話方塊，點按〔**公式**〕選項。

Step.4 各種錯誤檢查規則的啟動與否就在這裡勾選設定。

Step.5 錯誤檢查的功能啟用與錯誤色彩的標示設定。

此外，在錯誤檢查的功能啟用上，也有〔**啟用背景錯誤檢查**〕、〔**使用此色彩標示錯誤**〕以及
〔**重設被忽略的錯誤**〕等三個選項與按鈕可以操控，亦都在〔Excel **選項**〕的對話裡操作，功
能意義分別如下：

➤〔**啟用背景錯誤檢查**〕

勾選此核取方塊後，Excel 就會在閒置時檢查儲存格是否含有錯誤。如果在儲存格中找到
錯誤，就會在儲存格的左上角加上指標做為標幟。

➤〔**使用此色彩標示錯誤**〕

由於預設狀態下，發現儲存格錯誤時，會在該儲存格左上角顯示綠色的小點，但是，您也
可以在此設定改成以其他顏色做為標示錯誤的色彩。

➤〔**重設被忽略的錯誤**〕按一下此按鈕，即可為試算表中的錯誤加上標幟，並且在檢查錯誤
時找到它們。

3-5-4 評估公式

有時候儲存格裡的公式頗為複雜，使用的算式、函數可能層層疊疊的，若要了解並分析每一層級、階段的計算與最後結果，其實是很困難的。因為，過程中可能包含了許多的反覆計算與邏輯判斷。此時，Excel 的〔評估值公式〕對話方塊將是您最佳的幫手。

透過評估值公式可以讓您看到公式是如何一步步的執行，就如同撰寫程式的偵錯，在確定所建立的公式函數沒有錯用時，卻又不知錯誤為何或計算結果並非預期正確的情況下，評估值公式的操作是非常有用的，諸如巢狀結構的公式，其計算過程通常都頗為複雜，或者對於疑似計算有問題的長串公式，使用評估值公式工具，可以讓您看到巢狀結構裡不同部份的公式計算順序評估。若能看到公式計算過程中的中間結果時，就會比較容易理解複雜的公式。以下將實際演練〔評估值公式〕的操作，逐步執行公式裡每一個部份的運算，以瞭解並評估每一個部份的運算結果。

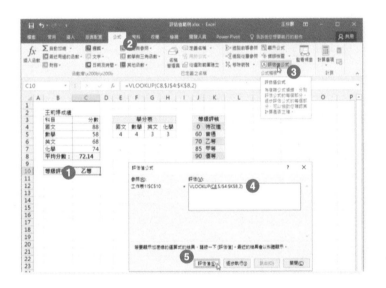

Step.1　選取想要評估的公式其所在位置的存格－儲存格 C10。

Step.2　點按〔公式〕索引標籤。

Step.3　點按〔公式稽核〕群組裡的〔評估值公式〕命令按鈕。

Step.4　開啟〔評估值公式〕對話方塊，可在此評估儲存格裡的公式。從加上底線的參照開始評估。

Step.5　點按一下〔評估值〕按鈕。立即檢查加上底線參照的值，評估結果會以斜體字顯示。

Step.6

持續點按〔**評估值**〕按鈕,可以繼續檢查加上底線參照的值。

Step.7

繼續作業,直到公式的每個部分都評估完畢,顯示最終的計算結果,若要重新檢視評估,可點按〔**重新啟動**〕按鈕;若要結束評估,可以點按〔**關閉**〕按鈕。

如果在進行評估值公式的對話操作時,公式中加底線的部分是另一個公式的參照,亦可透過〔**逐步執行**〕按鈕的點按來顯示方塊中其他的公式。

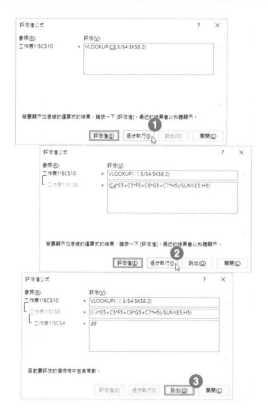

Step.1

開啟〔**評估值公式**〕對話方塊,可在此評估儲存格裡的公式。從加上底線的參照開始評估。點按〔**逐步執行**〕按鈕,可以顯示公式中加底線的部分所參照的另一個公式。

Step.2

可持續點按〔**逐步執行**〕顯示方塊中其他公式的後續運算結果。

Step.3

最後,點按〔**跳出**〕按鈕可立即回到前一個儲存格與公式。或者,點按〔**關閉**〕按鈕,結束〔**評估值公式**〕對話方塊的操作。

小秘訣:

➤ 一次只能評估一個儲存格。

➤ 公式參照不同活頁簿中的儲存格時,〔**逐步執行**〕按鈕就無法使用。

實作
練習

➤ 開啟〔**練習 3-5.xlsx**〕活頁簿檔案：

1. 在 "預算表" 工作表上，顯示所有直接或間接影響到儲存格 H7 內容的參照。

解

Step.1 點選 "預算表" 工作表。

Step.2 點選儲存格 H7。

Step.3 點按〔**公式**〕索引標籤。

Step.4 點按〔**公式稽核**〕群組裡的〔**追蹤前導參照**〕命令按鈕。

Step.5 立即顯示含有箭頭指向的參照線條，表示儲存格 H6 受到哪些儲存格的影響。

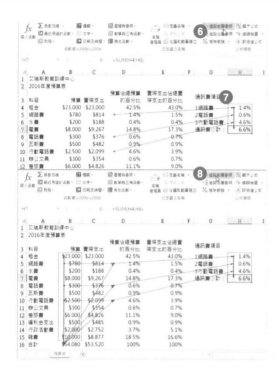

Step.6 再次點按〔**公式稽核**〕群組裡的〔**追蹤前導參照**〕命令按鈕。

Step.7 繼續顯示含有箭頭指向的參照線條。

Step.8 持續點按〔**公式稽核**〕群組裡的〔**追蹤從屬參照**〕命令按鈕,直到沒有新的箭頭指向參照線條為止。

2. 在 "預算表" 工作表中,對儲存格範圍 D16:E16 增加監看視窗。

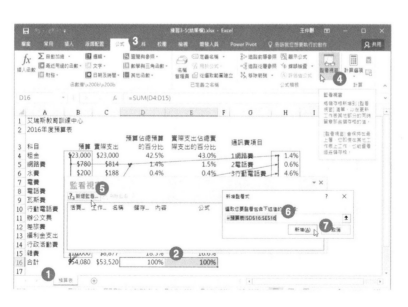

Step.1 點選 "預算表" 工作表。

Step.2 點選儲存格範圍 D16:E16。

Step.3 點按〔**公式**〕索引標籤。

Step.4 點按〔**公式稽核**〕群組裡的〔**監看視窗**〕命令按鈕。

Step.5 開啟〔**監看視窗**〕對話方塊,點按〔**新增監看**〕按鈕。

Step.6 開啟〔**新增監看式**〕對話方塊,在此可以看到剛剛選取的儲存格位址。

Step.7 點按〔**新增**〕按鈕。

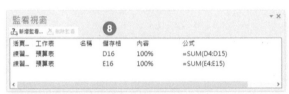

Step.8 回到〔**監看視窗**〕對話方塊,可以到已新增的儲存格位址之監看式資料。

3. 啟用錯誤檢查規則,可以檢查出有不一致的計算結果欄公式。

Step.1 點按〔**檔案**〕索引標籤。

Step.2 進入後台管理頁面,點按〔**選項**〕。

Step.3 進入〔**Excel 選項**〕操作頁面,點按〔**公式**〕選項。

Step.4 勾選〔**錯誤檢查規則**〕底下的〔**表格中有不一致的計算結果欄公式**〕核取方塊,最後下〔**確定**〕按鈕。

3-6 定義已命名的範圍與物件

工作表上的儲存格或範圍位址，不一定非得使用諸如 A2、A:K10 等實際位址的方式標示。您也可以為工作表上的範圍區域，甚至是單一儲存格，命名好記、有意義的「範圍名稱」。當儲存格或範圍被命名後，便可以在公式或函數中輕鬆參照這個名稱，進行正確的參照與運算。當然，諸如範圍名稱的使用並不僅止於此，只要靈活的運用範圍名稱，便可以讓您所建立的公式、函數更容易理解與維護。

3-6-1 儲存格與資料範圍的命名 ***

除了儲存格或範圍，對於函數、常數或資料表等 Excel 特有的物件，也可以定義好記、好管理的名稱，爾後在工作表上使用這些名稱時，即可輕鬆更新、稽核及管理這些名稱。

建立名稱後，就能輕鬆地瞭解儲存格參照、常數、公式或資料表的目的。以下即為常見範例：

名稱運用類型	不含名稱的傳統寫法	含有名稱的寫法
參照	=SUM（B20:C30）	=SUM（第一季銷售）
常數	=PRODUCT（A5,0.05）	=PRODUCT（售價，TW 營業稅）
公式	=SUM(VLOOKUP(B1,C2:F10,3,0),B2)	=SUM（庫存 _ 量，訂購 _ 數量）
資料表	B3:F30	= 銷售業績

上述的四種名稱運用類型之範例的運用說明如下：

➤ 將範圍 B20:C30 命名為「第一季銷售」，所以，範圍名稱「第一季銷售」即參照到實際的儲存格範圍 B20:C30。

➤ 將儲存格 A5 命名為「售價」，範圍名稱「售價」即參照到單一儲存格 A5。建立一個名為「TW 營業稅」的名稱，並設定代表 0.05 數值。因此，「TW 營業稅」即為一個常數名稱。

➤ 為函數 VLOOKUP（B1,C2:F10,3,0）建立一個公式名稱「庫存 _ 量」，就可以在其他公式或函數裡輕鬆參照這個公式名稱進行此函數的運算，而不需再鍵入冗長難記的函數。

將儲存格 B2 命名為「訂購 _ 數量」，所以，範圍名稱「訂購 _ 數量」即參照到實際的單一儲存格 B2。

➤ 設定 B3:F30 為資料表格，資料表的名稱命名為「銷售業績」

範圍名稱的快速建立方式

為儲存格或範圍建立名稱,最快的方式便是利用工作表上方資料編輯列左側的名稱方塊,再選取儲存格或範圍後,即可在該處鍵入所要命名的範圍名稱。

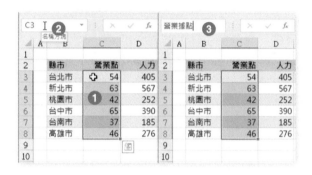

Step.1　選取範圍 C3:C8。

Step.2　點按資料編輯列左側的名稱方塊(預設狀態會顯示剛剛選取範圍的首格位址)。

Step.3　在名稱方塊裡鍵入想要命名的範圍名稱,譬如:「營業據點」,按下 Enter 按鍵。

利用〔從選取範圍建立〕命令迅速建立多組範圍名稱。

如果您想要一次為篇幅較大、較廣的儲存格範圍,以行、列為方向,建立多組範圍名稱,則〔**以選取範圍建立名稱**〕對話方塊的操作,將是您的不二選擇。這個功能選項正位於〔**公式**〕索引標籤中。

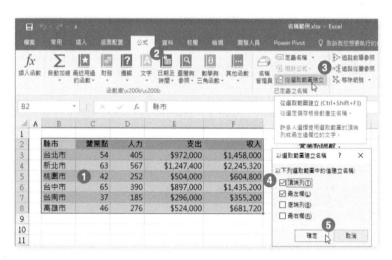

Step.1

選取儲存格範圍 B2:F8。

Step.2

點按〔**公式**〕索引標籤。

Step.3

點按〔**已定義之名稱**〕群組裡的〔**從選取範圍建立**〕命令按鈕。

Step.4　開啟〔**以選取範圍建立名稱**〕對話方塊,勾選〔**頂端列**〕與〔**最左欄**〕核取方塊選項。

Step.5　點按〔**確定**〕按鈕。

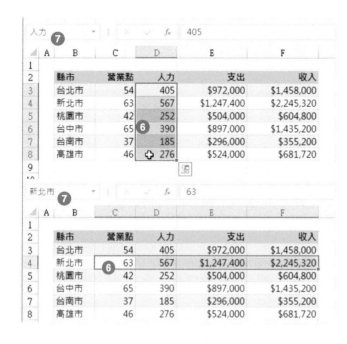

Step.6
完成快速命名後，可以選範圍。

Step.7
在名稱方塊裡看到該範圍的名稱。

在資料編輯列左側的名稱方塊上，點按右邊的三角形按鈕時，也可以從下拉式選單中看到已命名過的範圍名稱，點選後，即會立即選取該範圍。

爾後，在建立公式或函數時，便可以參照已命名的範圍名稱，而免去記憶或參照難記的儲存格位址。

3-6-2 管理已命名的範圍與物件 **

名稱的建立與定義愈來愈多後，要如何管理已經命名的名稱呢？諸如：修改範圍名稱所參照的位址、修改常數名稱所代表的數值、修改公式名稱所代表的公式或函數之算式、…。這一切就交給〔**名稱管理員**〕囉～

Step.1 點按〔**公式**〕索引標籤。

Step.2 點按〔**已定義之名稱**〕群組裡的〔**名稱管理員**〕命令。

Step.3 開啟〔**名稱管理員**〕對話方塊，可以看到已經命名的各項名稱。

　　a. 點按〔**新增**〕按鈕可以進行新名稱的命名與參照的設定。

　　b. 點按〔**刪除**〕按鈕可以刪除選定的名稱。

　　c. 點按〔**編輯**〕按鈕可以重新設定選定名稱的相關參照。

　　d. 在此可以立即修改選定名稱的參照內容。

3-6-3 命名表格***

針對 Excel 工作表裡的儲存格範圍資料，若有視為資料庫資料表（Data Table）的必要，您也可以透過轉換為資料表格的操作（昔日稱之為清單），讓傳統的資料範圍瞬間變成資料表格，Excel 也提供〔**資料表工具**〕讓使用者更容易操控，諸如：排序、篩選、總計等資料處理的相關作業。

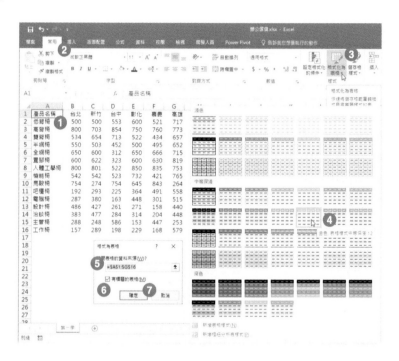

Step.1 點選傳統資料範圍裡的任一儲存格。

Step.1   點選傳統資料範圍裡的任一儲存格。

Step.2   點按〔**常用**〕索引標籤。

Step.3   點按〔**樣式**〕群組裡的〔**格式化為表格**〕命令按鈕。

Step.4   從展開的表格樣式中點選所要套用的樣式。

Step.5   開啟〔**格式為表格**〕對話方塊，Excel 自動識別並選取傳統的資料範圍。

Step.6   勾選〔**有標題的表格**〕核取方塊。

Step.7   點按〔**確定**〕按鈕。

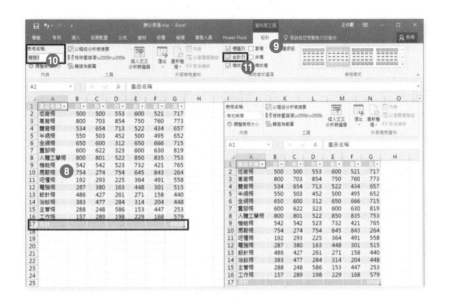

Step.8 原本傳統的儲存格範圍已經轉換成資料表。

Step.9 當作用儲存格在資料表裡的任一儲存格內,畫面頂端功能區裡將提供〔**資料表工具**〕,底下即包含有〔**設計**〕索引標籤功能選項,可供資料表的設定與格式化。

Step.10 可在〔**表格名稱**〕文字方塊裡自訂資料表名稱。

Step.11 可在〔**表格樣式選項**〕群組裡設定是否要自動顯示資料表的總計列。

TIPS & TRICKS

透過〔**插入**〕〔**表格**〕的功能區選項操作,亦可將選取的傳統範圍轉換為資料表。至於已經轉換成資料表的面積,也可以再透過〔**資料表工具**〕底下〔**設計**〕索引標籤裡〔**工具**〕群組內的〔**轉換為範圍**〕命令按鈕的操作,將其資料表轉換為傳統的儲存格範圍。

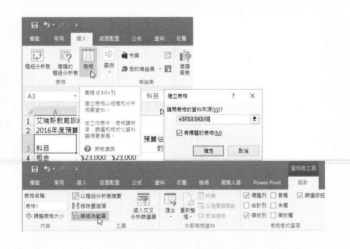

➤ 開啟〔**練習 3-6.xlsx**〕活頁簿檔案:

1. 在"人力分配"工作表中,將儲存格範圍 C3:C8 命名為"營業點",建立屬
   於工作表範圍的範圍名稱。

解

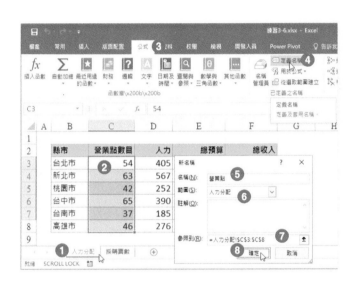

Step.1 點選〔**人力分配**〕工作表。

Step.2 選取儲存格範圍 C7:C8。

Step.3 點按〔**公式**〕索引標籤。

Step.4 點按〔**已定義之名稱**〕群組裡的〔**定義名稱**〕命令按鈕。

Step.5 開啟〔**新名稱**〕對話方塊,在〔**名稱**〕文字方塊裡輸入「營業點」。

Step.6 在〔**範圍**〕選項中點選此工作表名稱〔**人力分配**〕。

Step.7〔**參照到**〕即先前選取的範圍。

Step.8 點按〔**確定**〕按鈕。

2. 在"人力分配"工作表中,將儲存格範圍 C2:F5 命名為"北部資料",建立屬於活頁簿範圍的範圍名稱。

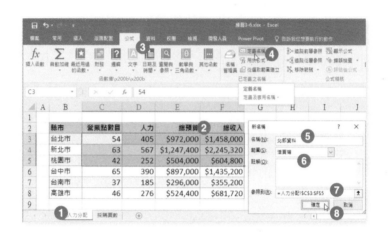

Step.1 點選〔人力分配〕工作表。

Step.2 選取儲存格範圍 C3:F5。

Step.3 點按〔公式〕索引標籤。

Step.4 點按〔已定義之名稱〕群組裡的〔定義名稱〕命令按鈕。

Step.5 開啟〔新名稱〕對話方塊,在〔名稱〕文字方塊裡輸入「北部資料」。

Step.6 在〔範圍〕選項中點〔活頁簿〕選項。

Step.7〔參照到〕即先前選取的範圍。

Step.8 點按〔確定〕按鈕。

3. 在 "採購票數" 工作表上,將原本名為 "表格 1" 的表格名稱,變更為 "票數統計"。

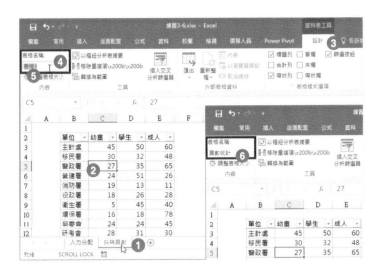

Step.1 點選 "採購票數" 工作表。

Step.2 點選此工作表上資料表裡的任一儲存格,例如:C5。

Step.3 點按〔**資料表工具**〕底下的〔**設計**〕索引標籤。

Step.4 點按〔**內容**〕群組裡的表格名稱文字方塊。

Step.5 選取既有的預設資料表名稱。

Step.6 輸入資料表名稱「票數統計」。

4. 修改範圍名稱為 "總預算" 的參照範圍，讓參照範圍僅含括 $E$3:$E$8。再移除參照範圍為 "人力分配 '!$B$9:$F$9" . 名稱為 "基隆市" 的範圍名稱。

Step.1 點按〔公式〕索引標籤。

Step.2 點按〔已定義之名稱〕群組裡的〔**名稱管理員**〕命令按鈕。

Step.3 開啟〔**名稱管理員**〕對話方塊，點選既有的名稱「總預算」。

Step.4 修改原本的參照位址 = 人力分配 !$E$3:$F$8。

Step.5 改成 = 人力分配 !$E$3:$E$8。

Step.6 點按〔**確認**〕按鈕。

Step.7 點選既有的名稱「基隆市」。

Step.8 點按〔**刪除**〕按鈕。

Step.9 開啟確認是否刪除對話,點按〔**確定**〕按鈕。

Step.10 回到〔**名稱管理員**〕對話方塊,點按〔**關閉**〕按鈕。

Chapter 04 | 建立進階圖表 和資料表

Excel 進階圖表元件包了趨勢線、第二個數值 Y 軸,以及圖表範本的建立;另外,樞紐分析表的進階使用,包含了欄位的修改、群組的設定、交叉分析篩選器的新增與格式設定、計算欄位與計算項目的公式訂定和樞紐分析表的格式化,以及樞紐分析圖的建立、操作與樣式套用,也都是進階圖表的應用中不可或缺的技能。

4-1　建立進階圖表

Excel 的統計圖表是由各種圖表元素所組成的，這其中包含了不可或缺的類別軸與資料數列，以及輔助圖表說明的圖表標題、類別軸標題、圖例、資料標籤、…等圖表元件，將原本行列式的表格、數據資訊，透過統計圖表的方式來呈現。甚至，藉由諸如：第二個數值軸 (Y)、第三維度的 Z 軸、趨勢線、…等圖表元件，即可展現出更專業且精緻的圖表資訊。

4-1-1　將趨勢線新增至圖表***

公式的輸入與編輯

所謂的趨勢線指的是資料數列中趨勢的圖形呈現方式。例如：向上傾斜的線條可以表示數個月之內所增加的銷售量。也因為趨勢線經常應用於研究預測問題，因此，它又稱作迴歸分析。在 Excel 2016 中，您可以將趨勢線或移動平均新增至平面、區域、橫條、直條、折線、股票、XY 散佈或泡泡圖等圖表中的任何一組資料數列。不過，切記：您無法為堆疊、立體、雷達、圓形、曲面或環圈圖中的資料數列加上趨勢線。

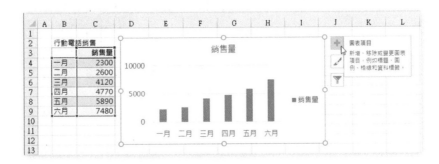

點選統計圖表後，圖表右側會顯示三種新版的圖表按鈕，可讓您快速選取並預覽圖表項目的變更。例如：點按〔＋〕按鈕（新增／移除圖表項目），可展開〔**圖表項目**〕核取方塊選單，讓您點選所要新增或移除的圖表項目。

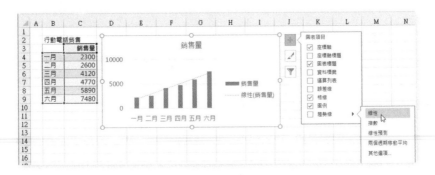

在勾選〔**圖表項目**〕裡的〔**趨勢線**〕核取方塊後，即可在統計圖表上添增一組趨勢線。

在〔**趨勢線**〕核取方塊右側可再展開趨勢線類型的選擇以及更完整的〔**其他選項**〕設定對話。

4-1-2 建立雙軸圖表 ***

所謂的雙軸圖表，也就是運用主要數值座標軸（通常在圖表的左側），以及副數值座標軸（通常在圖表的左側）的多資料數列組合圖表。例如：當兩組資料數列必須繪製在同一幅圖表時，若資料數列的單位不一致，或者數值大小相差太懸殊，則雙軸圖表的呈現將是您最佳的選擇。

延伸學習

以下圖為例，在選取各月份的〔營業點〕與各地區的〔銷售金額〕後，繪製一幅平面群組直條圖時，預設的兩組資料數列〔營業點〕與〔銷售金額〕中，僅顯示了紅色的〔銷售金額〕資料數列，而另一組資料數列〔營業點〕呢？其實，〔營業點〕這組資料數列並非沒有繪製出來，只是，這組資料數列的數據皆僅為 2 位數，最大的數值也未超過 30，若與〔銷售金額〕這組資料數列裡動輒數萬的數值相比，實在是小巫見大巫，差距太大了！因此，即便繪製出來的〔營業點〕資料數列，也因其數值太小，直條圖的高度過低，幾乎接近於 X 軸上，所以在圖表上看不到它。

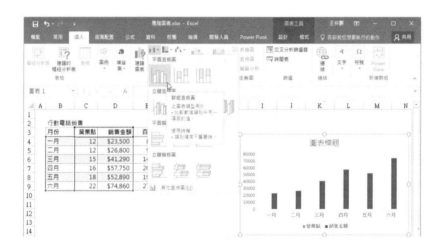

這時候，便是第二個數值 Y 軸展現身手的時候了！解決的方式很簡單，那就是為其中一組的資料數列增添第二個 Y 軸座標軸即可。例如：圖表的第二組資料數列，也就是〔營業點〕資料數列，將其設定給第二個 Y 軸，並套用不同的圖表類型，例如：折線圖，然後，再為兩個 Y 軸各自設定不同的刻度與標題，即可符合實際的需求。

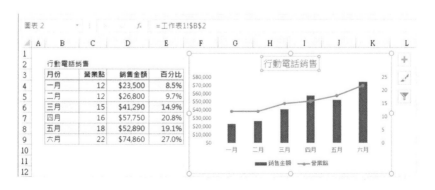

4-1-3　將圖表儲存為範本＊＊

打從 Excel 2007 開始使用了新的功能區 (Ribbon) 操作介面後，便不再提供圖表精靈，而是更直覺的情境式操作環境，使用〔**圖表工具**〕底下的〔**設計**〕與〔**格式**〕索引標籤，進行圖表的編輯與格式化。

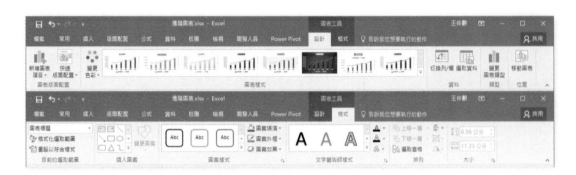

如果想要將建立的圖表視為標準，以後要製作新的圖表，即以此為藍本而迅速格式化新的圖表，您可以將該圖表另存為圖表範本檔案，做為其他類似圖表的基礎，也就是成為製作圖表的標準。操作的方式就是以滑鼠右鍵點按整個統計圖表，即可在展開的快顯功能表中找到〔**另存為範本**〕的功能選項，將選定的統計圖表儲存為附檔案是 **.crtx** 的圖表範本。

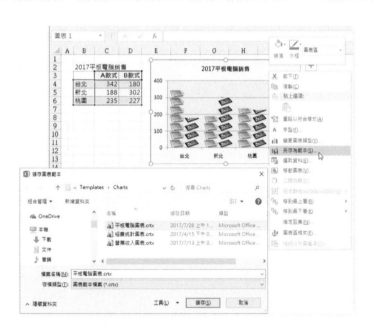

爾後,若要建立新圖表時,只要先選取圖表資料的來源,即可在查看所有圖表時,選擇來自〔**範本**〕清單裡早已事先建立好的圖表範本。

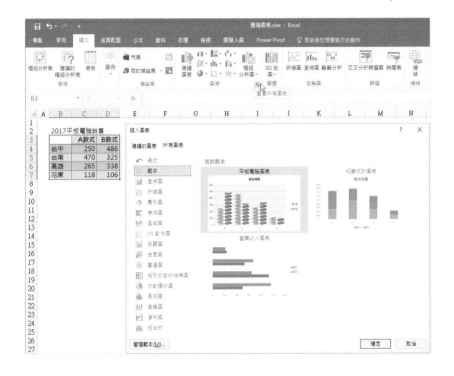

如此,立即以選取的資料來源為繪製圖表的來源,自動套用圖表範本的格式而產生新的一幅統計圖表。

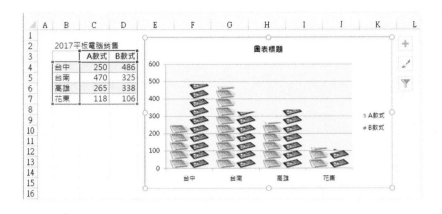

➤ 開啟〔**練習 4-1.xlsx**〕活頁簿檔案：

1. 在 "3C 商品銷售" 工作表上，針對 "第一季 3C 商品銷售" 圖表新增一個線性趨勢線，可預測品名為「256G 記憶卡」的銷售量至第 12 週。

解

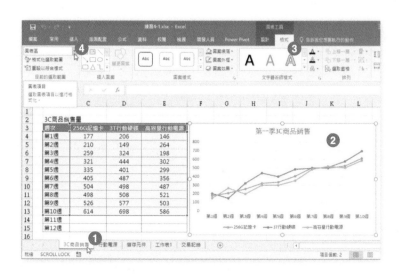

Step.1 點選 "3C 商品銷售" 工作表。

Step.2 點選工作表上的統計圖表。

Step.3 點按〔**圖表工具**〕底下的〔**格式**〕索引標籤。

Step.4 點按〔**目前的選取範圍**〕群組裡的〔**圖表項目**〕下拉式選項按鈕。

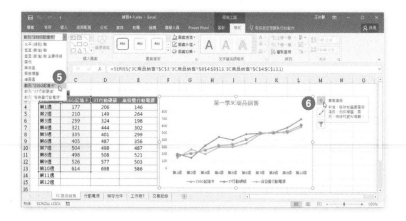

Step.5 從展開的圖表項目選單中點選「256G 記憶卡」資料數列。

Step.6 點按圖表右側的〔**圖表項目**〕按鈕。

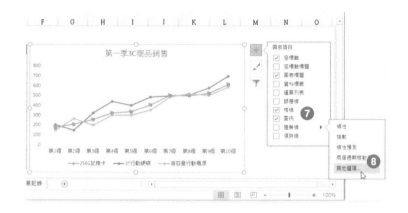

Step.7 從展開的圖表項目清單中，點選〔**趨勢圖**〕。

Step.8 再從展開的趨勢線副選單中點選〔**其他選項**〕。

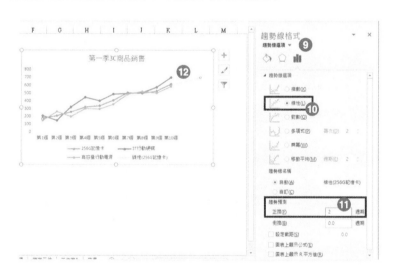

Step.9 畫面右側立即開啟〔**趨勢線格式**〕窗格。

Step.10 點選〔**線性**〕趨勢線選項。

Step.11 點選〔**趨勢預測**〕選項底下〔**正推**〕文字方塊，在此輸入「2」。

Step.12 完成趨勢線圖表的製作。

2. 在 "行動電源" 工作表上建立一個新的圖表,以區域圖表顯示銷售金額、以折線圖且使用副座標軸顯示行動電源銷售量。

解

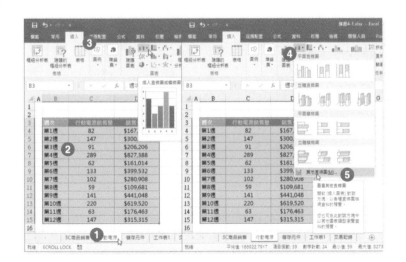

Step.1 點選 "行動電源" 工作表。

Step.2 選取儲存格範圍 B3:D15。

Step.3 點按〔插入〕索引標籤。

Step.4 點按〔圖表〕群組裡的〔**插入直條圖或橫條圖**〕命令按鈕。

Step.5 從展開圖表選單中點選〔**其他直條圖**〕選項。

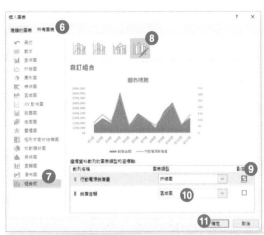

Step.6 開啟〔**插入圖表**〕對話操作,點選〔**所有圖表**〕索引頁籤。

Step.7 點選〔**組合式**〕圖表類型。

Step.8 點選〔**自訂組合**〕。

Step.9 點選「行動電源銷售量」數列的圖表類型為「折線圖」並且使用副座標軸。

Step.10 點選「銷售金額」數列的圖表類型為「區域圖」。

Step.11 點按〔**確定**〕按鈕。

完成組合圖表類型的統計圖表製作：

3. 將 "儲存元件" 工作表裡的圖表，儲存為圖表範本檔，存放在 Charts 資料夾內，命名為 "季銷售圖表"。

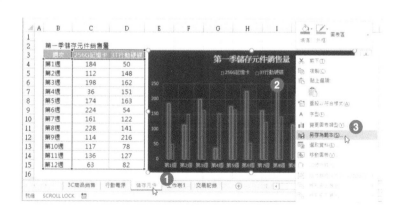

Step.1 點選 "儲存元件" 工作表。

Step.2 以滑鼠右鍵點按此工作表上的圖表。

Step.3 從展開的快顯功能表中點選〔**另存為範本**〕功能選項。

Step.4 開啟〔**儲存圖表範本**〕對話方塊，預設的存檔路徑是 Charts 資料夾。

Step.5 輸入存檔案名稱為「季銷售圖表」，預設附檔案名稱為 .crtx。

Step.6 最後按下〔**儲存**〕按鈕。

4-2　建立及管理樞紐分析表

樞紐分析表是一種資料庫分析統計報表，可以在龐大的資料庫中，進行資料的篩選、摘要，進而分析、統計資料，以各種不同的面向、維度來透視資料的深層意義。而樞紐分析圖則是讓您在進行資料分析時能夠以圖表並茂的統計圖表方式來呈現，每一筆交易記錄雖然清清楚楚的記載了每一筆交易的編號、日期、產品代碼、產品名稱、客戶代碼、客戶名稱、銷售額、經手人，但是要迅速在龐大的交易記錄中，進行各種需求與目的的摘要運算，除了傳統的條件式函數外，樞紐分析表工具也最佳選擇之一！更難能可貴的是，新版本的交叉分析篩選器，更強化了製作數位儀表的能力與便利。

4-2-1　建立樞紐分析表^{**}

在樞紐分析表的製作上，最重要的便是將資料表的欄位名稱拖曳至各個結構區域，即可自動建立樞紐分析表，藉此摘要統計複雜又龐大的資料記錄。

這是原始的交易資料記錄。

透過樞紐分析工具即可摘要出每一位客戶每一種產品的總銷售量。

以下的實作練習將使用「樞紐分析範例 1.xls」活頁簿裡的〔**交易記錄**〕工作表為資料來源，在全新工作表中建立樞紐分析表，其中「產品名稱」為列標籤、「客戶名稱」為欄標籤，「數量」加總值，並篩選出符合「經手人」為「陳怡文」的資料。

Step.1 切換到〔**交易記錄**〕工作表後，點按交記錄資料裡的任一儲存格後，點按〔**插入**〕索引標籤。

Step.2 點按〔**表格**〕群組裡的〔**樞紐分析表**〕命令按鈕。

Step.3 開啟〔**建立樞紐分析表**〕對話方塊，確認選取的資料範圍是否正確（Excel 會自動框選連續性的範圍）。

Step.4 點選要放置樞紐分析表的位置為〔**新工作表**〕。

Step.5 然後，點按〔**確定**〕按鈕。

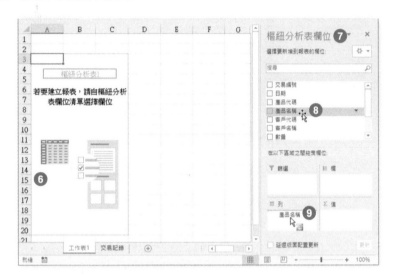

Step.6 立即新增空白工作表，並建立樞紐分析結構。

Step.7 在畫面右側的〔**樞紐分析表欄位清單**〕工作窗格裡，顯示資料來源的各個資料欄位名稱，以及樞紐分析表結構中的〔**篩選**〕、〔**列**〕標籤、〔**欄**〕標籤與〔**Σ 值**〕等四個區域。

Step.8 拖曳〔**樞紐分析表欄位**〕清單裡「產品名稱」欄位。

Step.9 拖放至〔**列**〕標籤區域。

Step.10 隨即建立產品名稱的摘要，意即在工作表 A 欄的每一列（從儲存格 A4 開始往下），
顯示每一種產品的名稱。

Step.11 繼續拖曳〔**樞紐分析表欄位**〕清單裡的「客戶名稱」欄位。

Step.12 拖放至〔**欄**〕標籤區域。

Step.13 隨即建立客戶名稱的摘要，意即在工作表第 4 列的每一欄（從儲存格 B4 開始往
右），顯示每一家客戶的名稱。

Step.14 繼續拖曳〔**樞紐分析表欄位**〕清單裡的「數量」欄位。

Step.15 拖放至〔**Σ 值**〕區域。

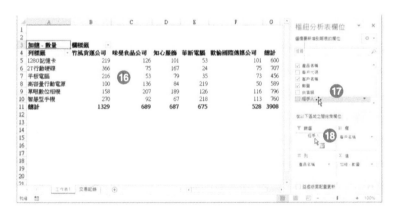

Step.16 隨即進行交叉統計運算，完成每個產品、每家客戶的交易數量加總之摘要結果。

Step.17 最後，拖曳〔**樞紐分析表欄位**〕清單裡的「經手人」欄位。

Step.18 拖放至〔**篩選**〕區域。

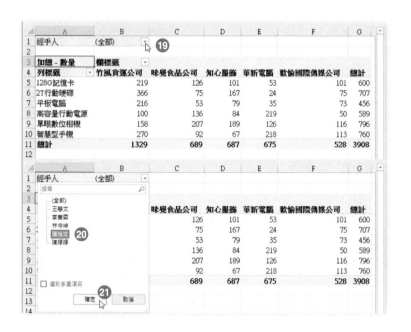

Step.19 在工作表的儲存格 A1、B1 成為篩選欄，可點按 B1 上的篩選按鈕。

Step.20 從展開的經手人選單中點選「陳怡文」。

Step.21 點按〔**確定**〕按鈕。

Step.22 完成「陳怡文」的樞紐分析表資料篩選。

在預設狀態下，樞紐分析表都會包含欄與列的總計，若有多層級的列標籤與欄標籤，還會提供小計的運算，此時，您可以透過樞紐分析表工具的操作，來決定是否要關閉這些總計或小計的結果。

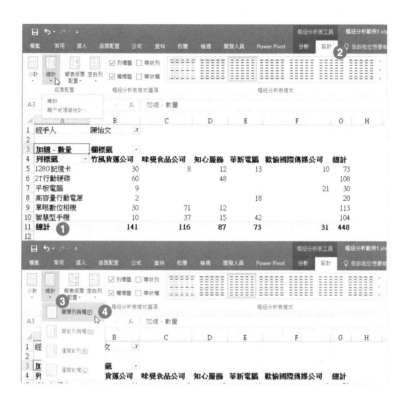

Step.1 這是一個包含總計的樞紐分析表,點選樞紐分析表裡的任一儲存格。

Step.2 點按〔**樞紐分析表**〕工具底下的〔**設計**〕索引標籤。

Step.3 點按〔**版面配置**〕群組裡的〔**總計**〕命令按鈕。

Step.4 從展開的下拉式功能選單中點選〔**關閉列與欄**〕功能選項。

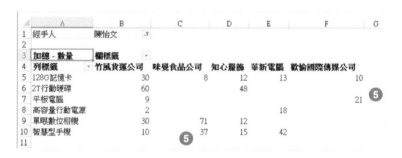

Step.5 樞紐分析表上原本的欄總計與列總計便消失了。

4-2-2 修改欄位選擇和選項※※

在建立的樞紐分析表後,若有調整維度與量值的需求,只須在樞紐分析表欄位清單的結構上
進行欄位的調整,並不需要重新製作新的樞紐分析表。此外,在樞紐分析表的欄標籤、列標
籤之儲存格上,都提供篩選暨排序選項按鈕,可以協助您迅速查詢並呈現所要的結果。

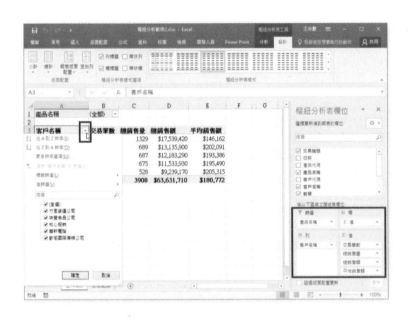

在樞紐分析表欄位窗格底部的四個區域，調整欄位的位置與顯示與否，可建立各種不同維度與面向樞紐分析表。

樞紐分析表上的欄、列、篩選等標籤旁都提供排序／篩選按鈕，可進行資料的排序與篩選。

4-2-3　建立交叉分析篩選器***

使用英文原名為 Slicers 的〔**交叉分析篩選器**〕，可以讓閱讀樞紐分析報表的使用者，能夠隨時檢閱所要的資料，輕易地與分析資料有所互動，透過一指神功來取代原本需要多重點按程序才得以完成的操作，並將分析資料數位儀表化，形成美觀的數位式報表。

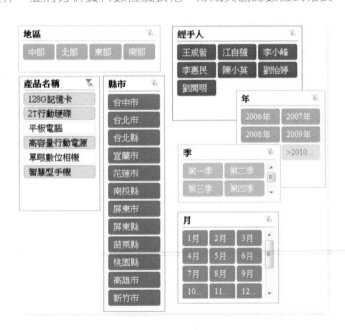

英文原名為 Slicers，是 Excel 2010 以後所新增的功能，透過它可以更簡化樞紐分析表的報表篩選作業，甚至可以創造出彈指之間即可盡情分析資料的數位報表。

以下所進行的展示即是在樞紐分析表上增加一個交叉分析篩選器，並套用指定的樣式、規劃交叉分析篩選器上的排列與按鈕大小。

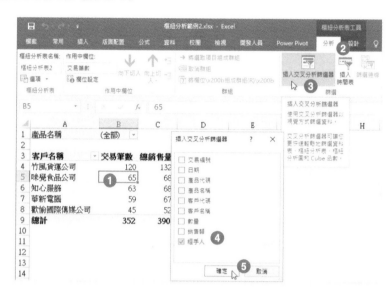

Step.1 點選工作表上樞紐分析表裡的任一儲存格。例如：儲存格 B5。

Step.2 點按〔**樞紐分析表工具**〕底下的〔**分析**〕索引標籤。

Step.3 點按〔**篩選**〕群組裡的〔**插入交叉分析篩選器**〕命令按鈕。

Step.4 開啟〔**插入交叉分析篩選器**〕對話，勾選〔**經手人**〕核取方塊。

Step.5 點按〔**確定**〕按鈕。

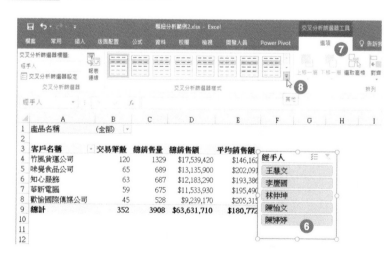

Step.6
點選工作表上的〔經手人〕交叉分析篩選器。

Step.7
點按〔**交叉分析篩選器工具**〕底下的〔**選項**〕索引標籤。

Step.8
點按〔**交叉分析篩選器樣式**〕群組裡的〔**其他**〕命令按鈕。

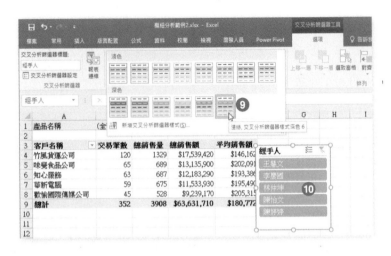

Step.9 從〔**交叉分析篩選器樣式**〕清單中點選〔**淺綠，交叉分析篩選器樣式深色 6**〕。

Step.10 點選工作表上的〔**經手人**〕交叉分析篩選器。

Step.11

點按〔**交叉分析篩選器工具**〕底下的〔**選項**〕索引標籤。

Step.12

在〔**按鈕**〕群組裡的〔**欄**〕文字方塊裡，輸入「2」。

Step.13

在〔**大小**〕群組裡的〔**高度**〕文字方塊裡，輸入「3.5」公分。

透過交叉分析篩選器裡的按鈕點選，即可篩選資料。以下圖所示為例，若有篩選多位經手人的需求，只要按住 Ctrl 按鍵後再點按其他按鈕，即可達成複選資料的目的。

4-2-4 分組樞紐分析表資料*

在樞紐分析表的資料摘要過程中，往往仍須進一步的群組分類，例如：將逐日摘要的日期欄位，再進行「月」、「季」或「年」的分類。此時，樞紐分析表的群組功能將是最好的幫手。

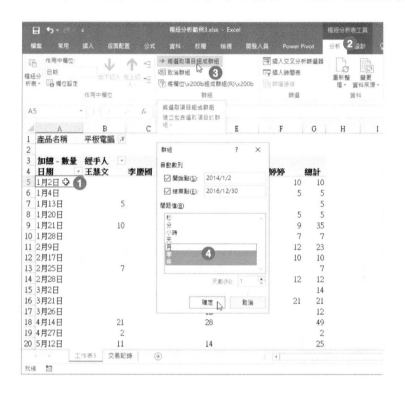

Step.1 點選樞紐分析表上 A 欄（日期資料）中的任一儲存格。例如：儲存格 A5。

Step.2 點按〔**樞紐分析表工具**〕底下的〔**分析**〕索引標籤。

Step.3 點按〔**群組**〕群組裡的〔**將選取項目組成群組**〕命令按鈕。

Step.4 開啟〔**群組**〕對話方塊，自動識別出日期資料欄位可進行日期的群組，因此，有年、月、季、日、時、分、秒等與日期時間相關的單位可供選擇。例如：複選「季」與「年」。然後，點按〔**確定**〕按鈕。

Step.5
原本逐日顯示統計的摘要報表，經過日期群組的操作後，變成逐「年」、逐「季」的摘要統計。

若是針對數值性的資料欄位，也可以利用樞紐分析表的群組功能，進行等差級數的級距分類。

Step.1 點選樞紐分析表上 A 欄中銷售額（數值性資料）列標籤裡的任一儲存格。例如：儲存格 A6。

Step.2 點按〔**樞紐分析表工具**〕底下的〔**分析**〕索引標籤。

Step.3 點按〔**群組**〕群組裡的〔**將選取項目組成群組**〕命令按鈕。

Step.4 開啟〔**群組**〕對話方塊，開始點輸入為「0」，間距值維持為「200000」。然後，點按〔**確定**〕按鈕。

Step.5 原本樞紐分析表上 A 欄中逐一摘要的銷售額，改從 0 開始，每相差 200000 為一個間距值的級距方式群組呈現。

4-2-5 使用 GETPIVOTDATA 函數參照樞紐分析表中的資料 *

樞紐分析表的結果是一種摘要統計結果報表，也就是根據指定欄標題、列標題與運算方式的交叉統計結果，所以，在輸出上是一種行、列式的制式規格，有時候可能製作的報表中僅需要其中幾項摘要結果而已，並不需要勞師動眾的使用整個樞紐分析表，此時，利用 GETPIVOTDATA 函數來參照、擷取樞紐分析表中所要的特定資料，將是使用樞紐分析表結果來製作彈性的客製化報表時，可以善加運用的工具。

此函數的語法為：

GETPIVOTDATA(data_field, pivot_table, [field1, item1, field2, item2], ...)

函數中使用的參數說明如下：

➤ data_field，這是必要的參數，包含要擷取之資料的資料欄位名稱 (需加上雙引號)。

➤ pivot_table，這也是必要的參數，是樞紐分析表中之任何儲存格、儲存格範圍或已經命名
  儲存格範圍的參照。這項資訊是用來判斷哪個樞紐分析表含有所要擷取的資料。

➤ field1, item1, field2, item2,…這是選擇性的參數，是 1 至 126 組對應的欄位名稱和項目名
  稱，用來描述所要擷取的資料。透過這些配對組合可以依任意次序的排列。欄位名稱以及
  非日期和數字的項目名稱皆會加上引雙號。

看起來好像頗為複雜，不過，當您要在空白的工作表範圍裡參照樞紐分析表裡的摘要結果時，
只要如同建立公式般地先在空白儲存格中鍵入等號（＝），然後，再以滑鼠點選一下樞紐分析
表中您想要參照的儲存格，如此，要參照該儲存格的 GETPIVOTDAT 寫法就立即呈現在等號
後面，讓您不費吹灰之力，即可撰寫好該 GETPIVOTDATA 公式。

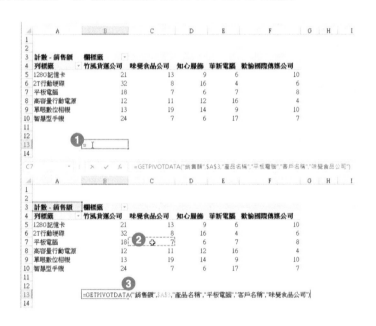

Step.1 點選樞紐分析表以外的儲存格，例如此例的儲存格 B13 並輸入等號「＝」。

Step.2 再以滑鼠點選（參照）樞紐分析表裡的某一摘要值儲存格，例如此例的儲存格
C7。

Step.3 在公式列裡即可看到摘要值所在處的 GETPIVOTDATA 函數參照。

爾後，在報表的建立上亦可將 GETPIVOTDATA 裡的參數套用至其他儲存格，根據這些儲存格裡的可變動內容，來擷取不同的樞紐分析表結果，讓資料擷取的方式、位置與製作報表的版面配置更具彈性。

4-2-6 新增計算欄位*

樞紐分析表是屬於一種摘要性的統計報表，在資料來源中並未提供的欄位與項目，亦可在完成樞紐分析表後，透過新增〔計算欄位〕與〔計算項目〕功能，在樞紐分析表上增添所需的摘要運算。例如：以下的實例將說明如何根據既有的銷售額，建立一個名為「獎金」的計算欄位，而獎金的公式為銷售額的 1.5%。

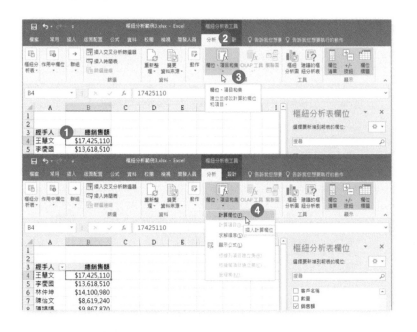

Step.1 　點按樞紐分析表裡的任一儲存格。

Step.2 　點按〔樞紐分析表工具〕底下〔分析〕索引標籤。

Step.3 　點按〔計算〕群組裡的〔欄位、項目和集〕命令按鈕。

Step.4 　從展開的功能選單中點選〔計算欄位〕。

Step.5 開啟〔**插入計算欄位**〕對話方塊，輸入自訂的計算欄位名稱「獎金」。

Step.6 點選公式文字方塊，在等號後面輸入公式「銷售額 *0.015」（銷售額欄位名稱可選自下方的欄位清單）。

Step.7 點按〔**新增**〕按鈕。

Step.8 點按〔**確定**〕按鈕。

Step.9 樞紐分析表上添增了新的計算欄位：〔**加總 – 獎金**〕。

4-2-7 設定資料格式 **

完成的樞紐分析表，透過標題（欄列標籤）的變更、數值資料的格式設定，甚至樣式的選擇、佈景主題的套用，可以使得樞紐分析表更具理解性與閱讀性。例如：針對樞紐分析表的框線、網底等格式效果，除了可以個別選取儲存格範圍並執行儲存格格式設定來美化外，套用現成的樞紐分析表樣式是最迅速且不失美觀大方的捷徑。

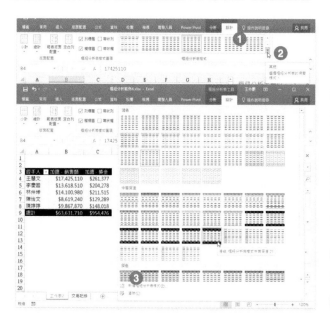

Step.1
點選樞紐分析表裡的任一儲存格後，點按〔**樞紐分析表工具**〕底下的〔**設計**〕索引標籤。

Step.2
點按〔**樞紐分析表樣式**〕群組裡的〔**其他**〕按鈕。

Step.3
從展開的樞紐分析表樣式清單中，點選〔**深綠, 樞紐分析表樣式中等深淺 21**〕。

實作練習

> 開啟〔**練習** 4-2a.xlsx〕活頁簿檔案:

1. 根據 "交易記錄" 工作表上的儲存格範圍 C2:I28 為資料來源,在 "客戶交易摘要" 工作表的儲存格 A2 建立一個 樞紐分析表 ,顯示每位客戶總交易金額的平均值。每一列顯示一位客戶名稱。

解

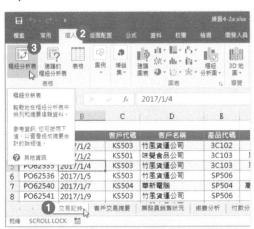

Step.1 點選 "交易記錄" 工作表。

Step.2 點按〔插入〕索引標籤。

Step.3 點按〔圖表〕群組裡的〔樞紐分析表〕命令按鈕。

Step.4 開啟〔**建立樞紐分析表**〕對話方塊，選取儲存格範圍 A2:I28 為樞紐分析表的資料來源。

Step.5 點選〔**已經存在的工作表**〕選項。

Step.6 點選〔**位置**〕文字方塊。

Step.7 點選 "客戶交易摘要" 工作表。

Step.8 點選儲存格 A2。

Step.9 點選的工作表儲存格位址將立即顯示參照在〔**位置**〕文字方塊裡。

Step.10 點按〔**確定**〕按鈕。

Step.11 在 "客戶交易摘要" 工作表上新增了樞紐分析表。

Step.12 拖曳〔樞紐分析表欄位〕窗格裡的「客戶名稱」欄位至〔**列**〕區域。

Step.13 拖曳「銷售額」欄位至〔**Σ 值**〕區域。

Step.14 以滑鼠右鍵點按樞紐分析表上的任一摘要值。

Step.15 從展開的快顯功能表中點選〔**摘要值方式**〕選項。

Step.16 再從展開的副功能選單中點選〔**平均值**〕選項。

Step.17 完成各戶銷售額的平均值摘要統計。

2. 在 "業務員銷售狀況" 工作表中，每個 "經手人" 底下增加 "產品名稱" 列。
   接著，在此工作表上變更樞紐分析表設定，使得檔案開啟時也會自動更新樞
   紐分析表資料。

解

Step.1 點選 "業務員銷售狀況" 工作表。

Step.2 點選工作表上樞紐分析表裡的任一儲存格。例如：A4。

Step.3 拖曳〔**樞紐分析表欄位**〕窗格裡的「產品名稱」欄位至〔**列**〕區域。

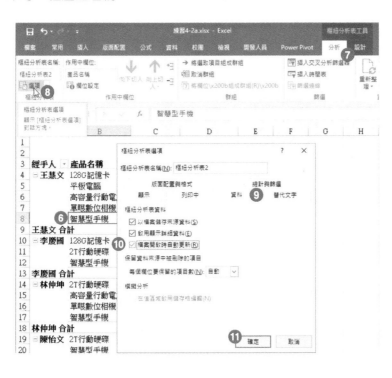

Step.4 將「產品名稱」欄位至於〔**列**〕區域裡原本既有的「經手人」下方。

Step.5 樞紐分析表的列標籤將逐列顯示經手人，然後，每一位經手人裡再逐列顯示每一種產品名稱。

Step.6 選取工作表上樞紐分析表裡的任一儲存格。例如：儲存格 B8。

Step.7 點按〔**樞紐分析表工具**〕底下的〔**分析**〕索引標籤。

Step.8 點選〔**樞紐分析表**〕群組裡的〔**選項**〕命令按鈕。

Step.9 開啟〔**樞紐分析表選項**〕對話方塊後，點選〔**資料**〕索引頁籤。

Step.10 勾選〔**檔案開啟時自動更新**〕核取方塊。

Step.11 點按〔**確定**〕按鈕。

Step.12 彈跳出提示對話方塊後，點按〔**確定**〕按鈕。

3. 在 "繳費分析" 工作表中，新增交叉分析篩選器，允許使用者可以顯示特定時間點的課程提供資料，其中，時間資料應指定時、分、秒。

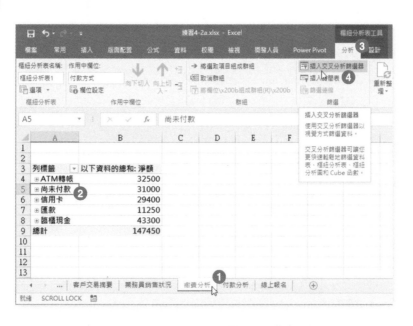

Step.1 點選 "繳費分析" 工作表。

Step.2 點選工作表上樞紐分析表裡的任一儲存格，例如：A5。

Step.3 點按〔樞紐分析表工具〕底下的〔分析〕索引標籤。

Step.4 點按〔篩選〕群組裡的〔插入交叉分析篩選器〕命令按鈕。

Step.5 開啟〔**插入交叉分析篩選器**〕對話方塊，僅勾選〔**時間**〕核取方塊，然後，點按〔**確定**〕按鈕。

Step.6 完成〔**時間**〕欄位之交插分析篩選器的建立。

4. 在 "付款分析" 工作表上，根據「已付款」群組資料，再根據「付款方式」群組資料，最後，依據月份群組「線上報名日期」欄位。

Step.1 點選 "付款分析" 工作表。

Step.2 拖曳〔樞紐分析表欄位〕窗格下方〔列〕區域裡的「已付款」欄位。

Step.3 將「已付款」欄位拖曳至「付款方式」的上方。

Step.4 點按樞紐分析表上「尚未付款」項目左側的加號以展開下一層級（日期）的維度。

Step.5 以滑鼠右鍵點選 A 欄裡的某一個日期性資料儲存格,例如:儲存格 A6。

Step.6 從展開的快顯功能表中點選〔**組成群組**〕功能選項。

Step.7 開啟〔**群組**〕對話方塊,僅點選間距值裡的「月」選項。

Step.8 最後,點按〔**確定**〕按鈕。

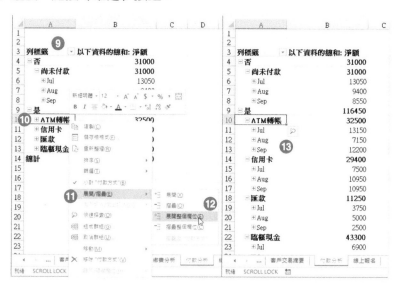

Step.9 在樞紐分析表中,根據「已付款」群組資料(是或否),再根據「付款方式」群組資料,最後,再以「線上報名日期」欄位的月份進行群組。

Step.10 以滑鼠右鍵點按尚未展開底層資料的任一付款方式。

Step.11 從展開的快顯功能表中點選〔**展開/摺疊**〕功能選項。

Step.12 再從展開的副功能選單中點選〔**展開整個欄位**〕。

Step.13 在每種付款方式底下逐列顯示每個月份。

➤ 開啟〔**練習** 4-2b.xlsx〕活頁簿檔案：

5. 此範例所採用的樞紐分析表來源位於資料模型，請在 "各地區課程" 工作表的儲存 F4 使用 GETPIVOTDATA 函數計算出 "新北" 地區 "樞紐分析入門" 課程的報名人數。

解

Step.1 點選 "各地區課程" 工作表。

Step.2 點選樞紐分析表列標籤底下之「新北」項目（位於儲存格 A5）左側的加號以展開下一層級（課程名稱）的人數統計摘要資料。

Step.3 顯示「新北」地區各課程的報名人數統計結果。

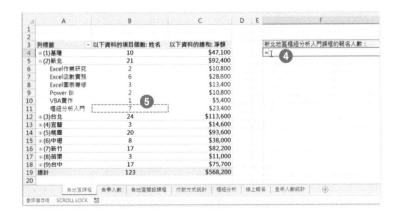

Step.4 點選儲存格 F4，在此輸入「＝」號。

Step.5 以滑鼠點選樞紐分析表裡「新北」地區「樞紐分析入門」課程的報名人數統計結果（位於儲存格 B11）。

Step.6 儲存格 F4 裡的「=」號後面立即使用 GETPIVOTDATA 函數參照到 "新北" 地區 "樞紐分析入門" 課程的報名人數。

6. 在 "各季人數" 工作表的 D 欄，顯示每一種課程在第二季的最高報名人數。

Step.1 點選 "各季人數" 工作表。

Step.2 點選樞紐分析表裡的任一儲存格。例如：儲存格 A3。

Step.3 拖曳〔**樞紐分析表欄位**〕窗格裡的「第二季」欄位至〔**Σ 值**〕區域。

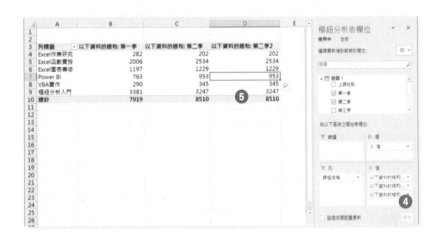

Step.4 將「第二季」欄位置於〔**Σ 值**〕區域裡的最後一項（最底部的一項）。

Step.5 立即在樞紐分析表 D 欄產生新的一組摘要值。

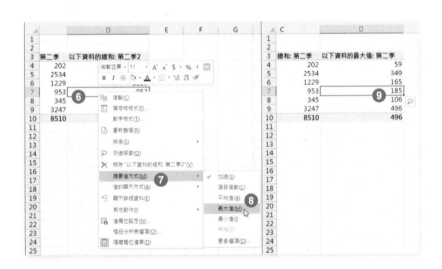

Step.6 以滑鼠右鍵點按樞紐分析表 D 欄裡的任何一個摘要值。

Step.7 從展開的快顯功能表中點選〔**摘要值方式**〕功能選項。

Step.8 再從展開的副選單中點選〔**最大值**〕選項。

Step.9 顯示每一種課程在第二季的最高報名人數。

7. 在"各地區開設課程"工作表上,以列表方式顯示資料,並在每一個上課地
點之後插入空白列。

Step.1 點選〔**各地區開設課程**〕工作表。

Step.2 點選樞紐分析表裡的任一儲存格。例如:儲存格 B5。

Step.3 點按〔**樞紐分析表工具**〕底下的〔**設計**〕索引標籤。

Step.4 點按〔**版面配置**〕群組裡的〔**報表版面配置**〕命令按鈕。

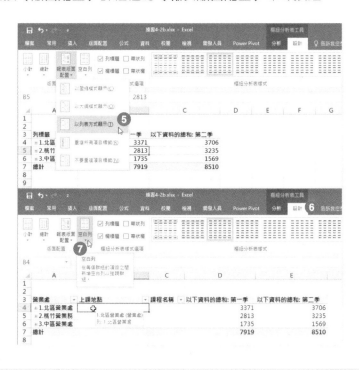

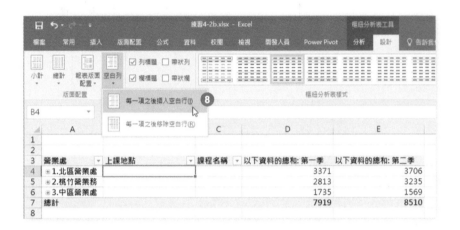

Step.5 從展開的版面配置選單中點選〔以列表方式顯示〕。

Step.6 點按〔樞紐分析表工具〕底下的〔設計〕索引標籤。

Step.7 點按〔版面配置〕群組裡的〔空白列〕命令按鈕。

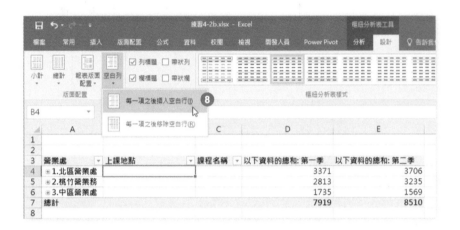

Step.8 從展開的功能選單中點選〔每一項之後插入空白列〕選項。

Step.9 每一個上課地點之後插入了一個空白列。

8. 在"付款方式統計"工作表上,移除樞紐分析表的總計列。

Step.1 點選 "付款方式統計" 工作表。

Step.2 點選工作表上樞紐分析表裡的任一儲存格。例如:目前作用儲存格位於 B4。

Step.3 點按〔樞紐分析表工具〕底下的〔設計〕索引標籤。

Step.4 點按〔版面配置〕群組裡的〔總計〕命令按鈕。

Step.5 從展開的功能選單中點選〔關閉列與欄〕功能選項。

在樞紐分析表範例中,底部已經看不到總計列了:

4-3　建立及管理樞紐分析圖

透過樞紐分析圖的製作，可以讓使用者在對資料庫進行樞紐分析表統計運算的同時，亦能快速的將樞紐分析表的數據資料，輔以統計圖的形式來表現，以提昇統計資料的可看性。建立樞紐分析圖的方式與建立樞紐分析表的方式雷同，並且，在建立樞紐分析圖的同時，也會同步建立樞紐分析表。

4-3-1　建立樞紐分析圖＊＊＊＊

您可以憑藉剛完成的樞紐分析表，建立相關的樞紐分析圖，亦可藉由選取範圍或清單，直接建立樞紐分析圖並自動同步新增相關的樞紐分析表。

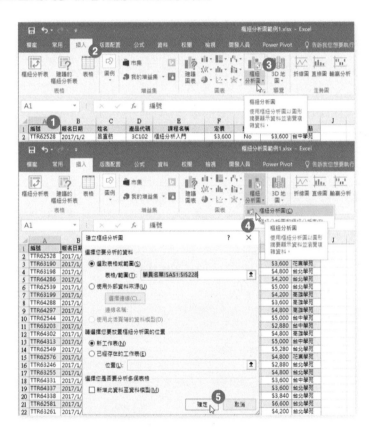

Step.1　點選工作表上資料來源裡的任一儲存格。例如：A1 儲存格。

Step.2　點按〔**插入**〕索引標籤。

Step.3　選按〔**圖表**〕群組裡〔**樞紐分析圖**〕命令按鈕。

Step.4　從展開的下拉式功能選單中點選〔**樞紐分析圖**〕功能選項。

Step.5　開啟〔**建立樞紐分析圖**〕對話方塊，採用預設值直接點按〔**確定**〕按鈕。

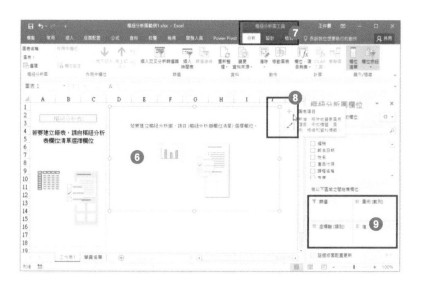

Step.6 立即同步建立樞紐分析圖與樞紐分析表。

Step.7 點選工作表裡的樞紐分析圖時，畫面頂端功能區裡即顯示〔**樞紐分析圖工具**〕，底下包含了〔**分析**〕、〔**設計**〕與〔**格式**〕等三個索引標籤的操控。

Step.8 樞紐分析圖的右上角如同傳統的統計圖表般，亦提供圖表項目的工具按鈕，可以協助使用者迅速建立圖表內容。

Step.9 拖曳右側〔**樞紐分析圖欄位**〕窗格裡的欄位至右下方的〔**篩選**〕、〔**圖例（數列）**〕、〔**座標軸（類別）**〕與〔**Σ 值**〕等四個區域，如同操作樞紐分析表般地完成樞紐分析圖的定義與製作。

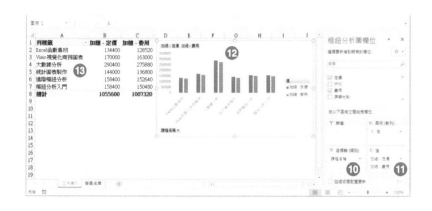

Step.10 拖曳「課程名稱」欄位至〔**座標軸（類別）**〕區域。

Step.11 分別拖曳「定價」與「折扣」兩欄位至〔**Σ 值**〕區域。

Step.12 建立的樞紐分析圖預設為直條圖表，可以解讀為每一種課程的總定價與總費用之比較值。

Step.13 同步產生了連動的樞紐分析表。

4-3-2 操縱現有樞紐分析圖中的選項 *

操作樞紐分析圖正如同操作統計圖表一般,樞紐分析圖也是各種圖表元件所組成的,除了必備的資料數列與類別軸外,亦可加上圖表標題、座標軸標題、資料標籤、圖例、格線、趨勢線、…等等,以利於解讀更多地圖表資訊。例如:以下實作演練將在樞紐分析圖上為資料數列添增資料標籤至「終點外側」,然後,新增〔**課程名稱**〕欄位來篩選此樞紐分析圖,並請篩選課程名為「大數據分析」的樞紐分析圖表。

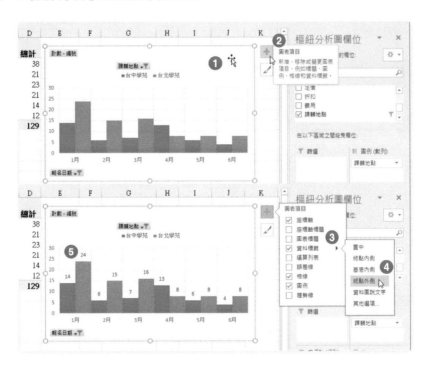

Step.1 點選工作表上既有的樞紐分析圖。

Step.2 點按樞紐分析圖右上方的〔**圖表項目**〕按鈕。

Step.3 從展開的圖表項目選單中勾選〔**資料標籤**〕核取方塊。

Step.4 再從展開的資料標籤副選單中點選〔**終點外側**〕選項。

Step.5 樞紐分析圖裡每一組資料數列的頂端立即顯示數值。

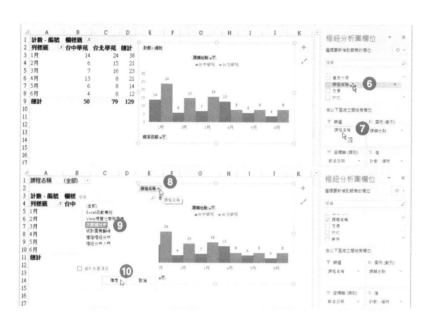

Step.6 拖曳樞紐分析圖欄位清單裡的「課程名稱」欄位。

Step.7 拖曳放置在〔**篩選**〕區域裡。

Step.8 在樞紐分析圖裡添增了課程名稱篩選按鈕，點按此按鈕。

Step.9 從展開的篩選清單中，點選「大數據分析」。

Step.10 點按〔**確定**〕按鈕。

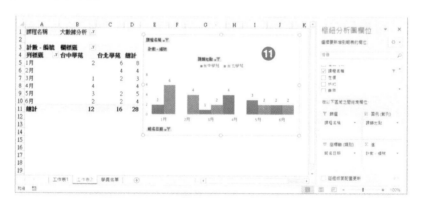

Step.11 順利完成篩選課程名為為「大數據分析」的樞紐分析圖。

4-3-3 套用樣式至樞紐分析圖

完成了圖表的製作後，確認資料、數據都正確無誤後，便可以將心思放在視覺化的效果上了！
此時，可以透過圖表樣式與圖表版面配置的操作，即使在沒有任何設計經驗的背景與條件下，
仍可迅速完成具備專業性視覺化的統計圖表。

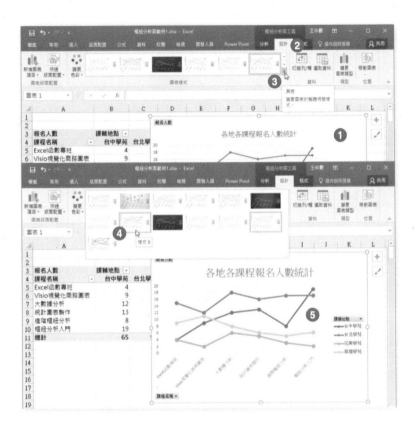

Step.1 點選工作表上既有的樞紐分析圖。

Step.2 點按功能區裡〔**樞紐分析圖工具**〕底下的〔**設計**〕索引標籤。

Step.3 點按〔**圖表樣式**〕群組裡的〔**其他**〕命令按鈕。

Step.4 從展開的圖表樣式清單中點選所要套用的圖表樣式。例如：〔**樣式 8**〕。

Step.5 立即呈現套用的結果。

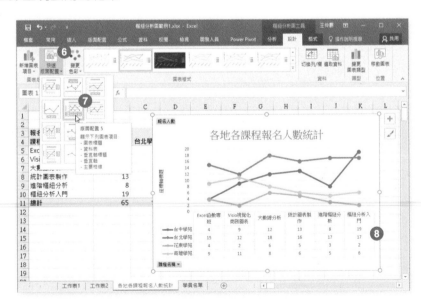

Step.6 持續選取圖表的狀態下，點按〔**設計**〕索引標籤裡〔**圖表版面配置**〕群組內的〔**快速版面配置**〕命令按鈕。

Step.7 從展開的圖表版面配置清單中點選所要套用的圖表版面配置。例如：〔**版面配置 5**〕。

Step.8 這是一個在 X 類別軸底下包含運算列表的圖表版面配置。

4-3-4 向下鑽研樞紐分析圖詳細資料＊＊＊

在定義上，不論是樞紐分析表還是樞紐分析圖，都是屬於底層資料的摘要統計，因此，每一個摘要結果都是屬於階層性架構中的高點。所以，自然可以從這個摘要結果向下鑽研其明細資料。例如：以下的實例演練中，原本僅顯示每一訓練課程的報名人數，透過向下鑽研的操作，可以指定展開「Excel 函數專班」這門訓練課程的課輔地點，以顯示此課程底下每一個課輔地點的人數。

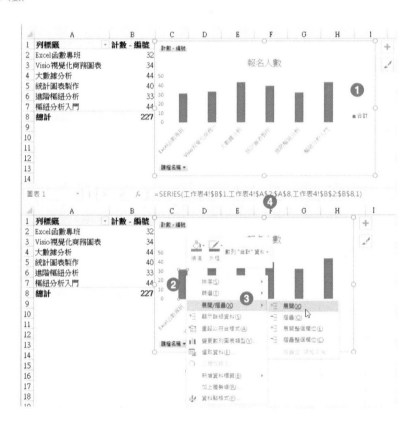

Step.1 點選工作表上既有的樞紐分析圖，此統計圖顯示每一種課程的報名人數。

Step.2 以滑鼠右點選〔**課程名稱**〕資料數列裡的「Excel 函數專班」資料點。

Step.3 從展開的快顯功能表中點選〔**展開／摺疊**〕選項。

Step.4 再從展開的副選單中點選〔**展開**〕選項。

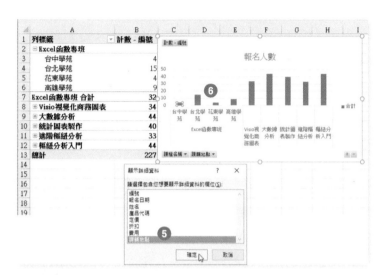

Step.5

開啟〔顯示詳細資料〕對話方塊，點選〔課輔地點〕欄位選項，然後按下〔確定〕按鈕。

Step.6

立即顯示「Excel 函數專班」裡各個〔課輔地點〕的人數摘要統計。

實作練習

● ●

➤ 開啟〔練習 4-3.xlsx〕活頁簿檔案：

1. 以 "繳費統計" 工作表裡的資料為來源，在新的工作表上，建立一個樞紐分析圖，其圖表類型為含有資料標記的折線圖，可以顯示每一個運動項目課程的最多報名人數與最多已繳費人數。

解

Step.1 點選 " 繳費統計 " 工作表。

Step.2 點選工作表上資料範圍裡的任一儲存格。例如：儲存格 B3。

Step.3 點按〔**插入**〕索引標籤。

Step.4 點按〔**圖表**〕群組裡的〔**樞紐分析圖**〕命令按鈕。

Step.5 開啟〔**建立樞紐分析圖**〕對話方塊，在選取表格或範圍的選項裡，保持預設的資料範圍。

Step.6 在放置樞紐分析圖的位置選項裡，點選〔**新工作表**〕選項。然後，點按〔**確定**〕按鈕。

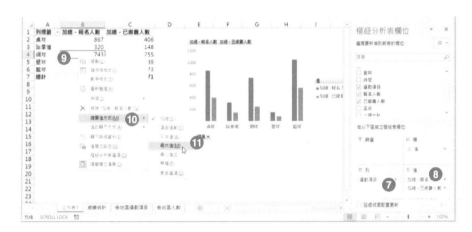

Step.7 拖曳〔**樞紐分析表欄位**〕裡的「運動項目」，拖放至〔**列**〕區域。

Step.8 拖曳〔**樞紐分析表欄位**〕裡的「報名人數」，拖放至〔**Σ 值**〕區域。然後，再拖曳〔**樞紐分析表欄位**〕裡的「已繳費人數」，拖放至〔**Σ 值**〕區域置於「報名人數」的下方。

Step.9 以滑鼠右鍵點按工作表上樞紐分析表中「加總 - 報名人數」摘要欄位裡的任一儲存格。例如：儲存格 B4。

Step.10 從展開的快顯功能表中點選〔**摘要值方式**〕。

Step.11 再從展開的副功能選單中點選〔**最大值**〕。

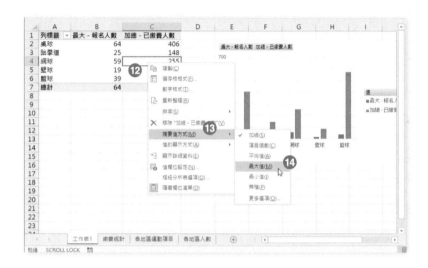

Step.12 再以滑鼠右鍵點按工作表上樞紐分析表中「加總－已繳費人數」摘要欄位裡的任一儲存格。

Step.13 從展開的快顯功能表中點選〔**摘要值方式**〕。

Step.14 再從展開的副功能選單中點選〔**最大值**〕。

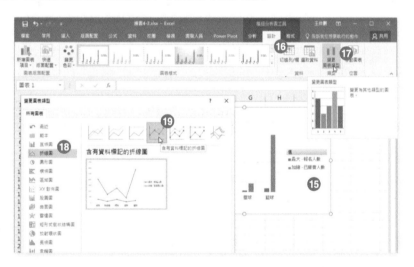

Step.15 點選工作表上的樞紐分析圖。

Step.16 點按〔**樞紐分析圖工具**〕底下的〔**設計**〕索引標籤。

Step.17 點按〔**類型**〕群組裡的〔**變更圖表類型**〕命令按鈕。

Step.18 開啟〔**變更圖表類型**〕對話方塊，點選〔**折線圖**〕類型。

Step.19 點選〔**含有資料標記的折線圖**〕，然後，點按〔**確定**〕按鈕。

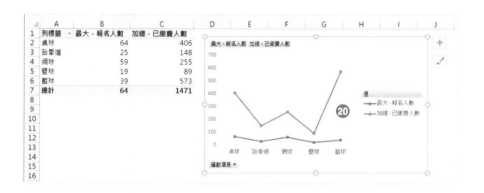

Step.20 完成樞紐分析圖的製作。

2. 在 "各地區運動項目" 工作表上修改圖表，使得每一個上課地點裡顯示著各種運動項目。並新增 "區域" 欄位來篩選樞紐分析圖。

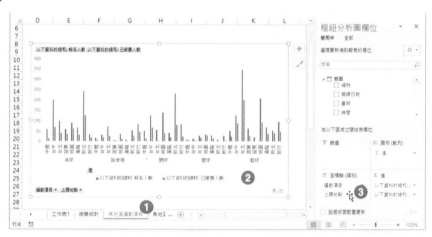

Step.1 點選 "各地區運動項目" 工作表。

Step.2 點選工作表上的樞紐分析圖。

Step.3 拖曳〔**座標軸（類別）**〕區域裡的「上課地點」欄位。

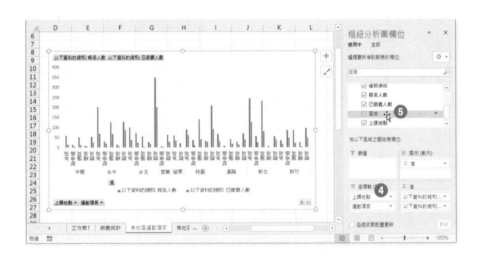

Step.4 拖曳至〔**座標軸（類別）**〕區域裡「運動項目」欄位的上方。意即將〔**座標軸（類別）**〕區域裡的「上課地點」欄位與「運動項目」欄位上下對調。

Step.5 拖曳〔樞紐分析圖欄位〕裡的「區域」欄位。

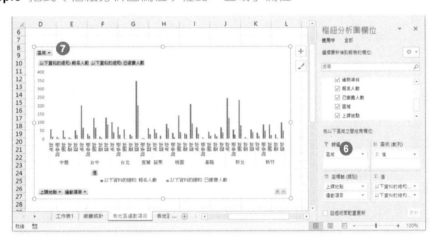

Step.6 拖放至〔**篩選**〕區域。

Step.7 樞紐分析圖上立即新增「區域」篩選按鈕。

3. 修改"各地區人數"工作表上的統計圖表，使其僅顯示上課地點為台北與新北兩地，每一種運動項目的逐月資料。

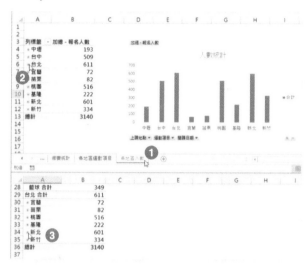

Step.1 點選"各地區人數"工作表。

Step.2 點按工作表上樞紐分析表列標籤底下「台北」左側的展開按鈕（加號）。

Step.3 同樣的操作方式，往下捲動畫面，點按樞紐分析表列標籤下「新北」左側的展開按鈕（加號）。

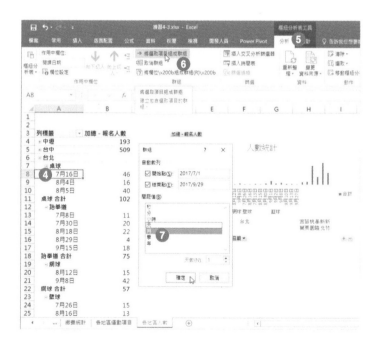

Step.4 點選展開後 A 欄裡的任一日期列標籤，例如儲存格 A8。

Step.5 點按〔樞紐分析表工具〕底下的〔分析〕索引標籤。

Step.6 點按〔**群組**〕群組裡的〔**將選取項目組成群組**〕命令按鈕。

Step.7 開啟〔**群組**〕對話方塊，僅點選「月」選項，然後點按〔**確定**〕按鈕。

Step.8 點按列標籤的篩選按鈕（儲存格 A3 右側的倒三角形按鈕）。

Step.9 從展開的功能選單中，僅勾選「台北」與「新北」兩核取方塊，取消其餘所有地區的勾選。

Step.10 點按〔**確定**〕按鈕。

完成樞紐分析圖的調整，顯示「台北」與「新北」兩地區，每一種運動項目的逐月資料。

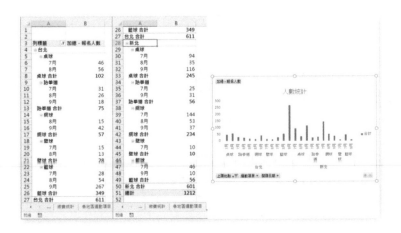

Chapter **05** 模擬試題

5-1 第一組

專案 1

說明：

您是樂活瑜珈 HappyLife YOGA 助理人員，正在使用 Excel 分析課程出缺勤的資料，提供瑜珈健身課程以期吸引新的客戶群。

工作 1

格式化 "參加名冊" 工作表的 D 欄，使得在此欄所輸入的時間資料都以 "hh AM/PM". 格式顯示而不顯示分鐘。

解題：

Step.1　點選 "參加名冊" 工作表。

Step.2　點選整個 D 欄。

Step.3　點按〔常用〕索引標籤裡〔數值〕群組旁的數字格式對話方塊啟動器按鈕。

Step.4 開啟〔**儲存格格式**〕對話方塊並自動切換到〔**數值**〕索引頁籤,點選〔**自訂**〕類別。

Step.5 輸入類型為「hh AM/PM」,然後按下〔**確定**〕按鈕。

Step.6 完成自訂時間格式的顯示設定。

工作 2

在 "參加名冊" 工作表的 K 欄,使用 OR 函數進行運算,當報名人數大於所有課程的平均報名人數時,或者,旁聽人數大於 2 時,顯示 TRUE,否則顯示 FALSE。

解題:

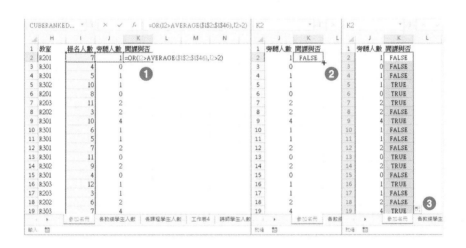

Step.1 點選儲存格 K2,在此輸入公式:=OR(I2>AVERAGE($I$2:$I$46),J2>2)

Step.2 完成公式的輸入後,以滑鼠點選儲存格 K2 並以滑鼠左鍵點按兩下其右下角的填滿控點。

Step.3 將公式填滿整個開課與否欄位。

此題的另一種解法:

=IF(OR(I2>AVERAGE($I$2:$I$46),J2>2),TRUE,FALSE)

工作 3

在"參加名冊"工作表的 C 欄,新增一個公式可以顯示 1 到 7 之間的數字,以表示在同列的 B 欄日期資料之星期數值。其中,星期一應顯示數字 1、星期日則顯示數字 7。

解題:

Step.1　點選儲存格 C2,在此輸入公式:=WEEKDAY(B2,2)

Step.2　完成公式的輸入後,點選儲存格 C2 並以滑鼠左鍵點按兩下右下角的填滿控點。

Step.3　將公式填滿整個星期欄位。

類似題:

若將此題目的要求改成星期日顯示數字 1、星期六則顯示數字 7,則星期數值的函數可以寫成:=WEEKDAY(B2,1)

工作 4

在"各教練學生人數"工作表，新增交叉分析篩選器，允許使用者可以顯示特定上課時間點的課程提供資料，其中，時間資料應指定時、分、秒。

解題：

Step.1 點選〔**各教練學生人數**〕工作表。

Step.2 點選工作表上樞紐分析表裡的任一儲存格。

Step.3 點按〔**樞紐分析表工具**〕底下的〔**分析**〕索引標籤。

Step.4 點按〔**篩選**〕群組裡的〔**插入交叉分析篩選器**〕命令按鈕。

Step.5 開啟〔**插入交叉分析篩選器**〕對話方塊，僅勾選〔**上課時間**〕核取方塊，然後，點按〔**確定**〕按鈕。

完成〔**上課時間**〕欄位之交插分析篩選器的建立。

工作 5

在新的工作表上,建立一個樞紐分析圖,其圖表類型為含有資料標記折線圖,可以顯示每一個課程的最大報名人數與最大旁聽人數。

解題:

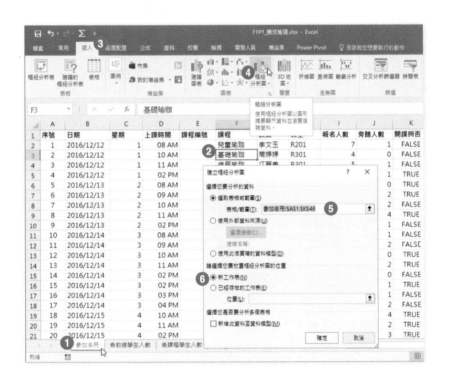

Step.1 點選〔**參加名冊**〕工作表。

Step.2 點選工作表上名冊資料範圍裡的任一儲存格。

Step.3 點按〔**插入**〕索引標籤。

Step.4 點按〔**圖表**〕群組裡的〔**樞紐分析圖**〕命令按鈕。

Step.5 開啟〔**建立樞紐分析圖**〕對話方塊,在選取表格或範圍的選項裡,保持預設的資料範圍。

Step.6 在放置樞紐分析圖的位置選項裡,點選〔**新工作表**〕選項。再點按〔**確定**〕按鈕。

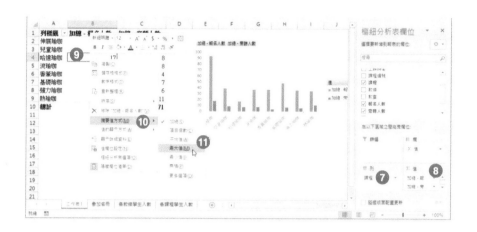

Step.7 拖曳〔**樞紐分析表欄位**〕裡的「課程」，拖放至〔**列**〕區域。

Step.8 拖曳〔**樞紐分析表欄位**〕裡的「報名人數」，拖放至〔**∑ 值**〕區域（預設進行加總運算）。然後，再拖曳〔**樞紐分析表欄位**〕裡的「旁聽人數」，拖放至〔**∑ 值**〕區域置於「報名人數」的下方（預設進行加總運算）。

Step.9 以滑鼠右鍵點按工作表上樞紐分析表中「加總 - 報名人數」摘要欄位裡的任一儲存格。例如：儲存格 B4。

Step.10 從展開的快顯功能表中點選〔**摘要值方式**〕。

Step.11 再從展開的副功能選單中點選〔**最大值**〕。

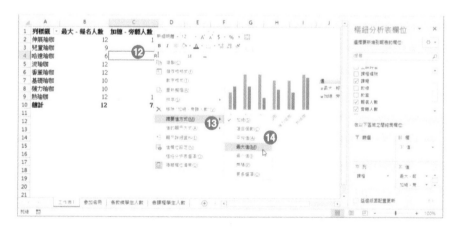

Step.12 再以滑鼠右鍵點按工作表上樞紐分析表中「加總 – 旁聽人數」摘要欄位裡的任一儲存格。

Step.13 從展開的快顯功能表中點選〔**摘要值方式**〕。

Step.14 再從展開的副功能選單中點選〔**最大值**〕。

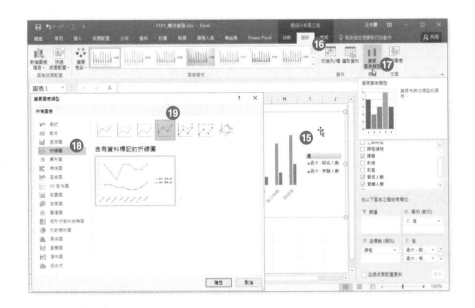

Step.15 點選工作表上的樞紐分析圖。

Step.16 點按〔**樞紐分析圖工具**〕底下的〔**設計**〕索引標籤。

Step.17 點按〔**類型**〕群組裡的〔**變更圖表類型**〕命令按鈕。

Step.18 開啟〔**變更圖表類型**〕對話方塊,點選〔**折線圖**〕類型。

Step.19 點選〔**含有資料標記的折線圖**〕,然後,點按〔**確定**〕按鈕。

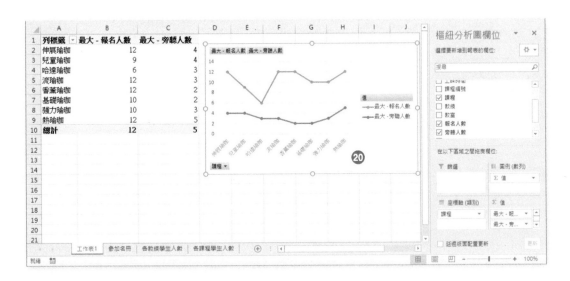

Step.20 完成樞紐分析圖的製作。

專案 2

說明：

繪圖設計研究學院的獎學金獎項是以比賽的評比與企業獎學金為基礎。你正在建立一個可以運用於確認獎學金額度的試算表。

工作 1

在"各校各學習領域投入經費"工作表的儲存格 C16，新增一個公式，透過對合計列進行結構化參照的方式，計算所有學校的投入經費之合計平均值。

05

解題：

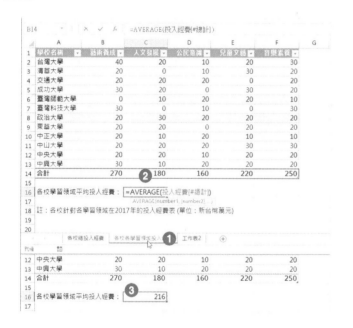

Step.1
點選〔**各校各學習領域投入經費**〕工作表。

Step.2
點選儲存格 C16，並輸入公式 =AVERAGE（投入經費 [# 總計]）然後按下 Enter 按鍵。

Step.3
完成公式的輸入並傳回運算結果。

由於此資料表的名稱為「投入經費」，因此，透過資料表結構化參照的方式，計算合計列（即總計）的平均公式語法即為 =AVERAGE(投入經費 [# 總計])。

工作 2

修改 Excel 選項設定，當資料有所異動時，公式並不會自動重新計算，但是，在儲存活頁簿時便會自動重新計算。

解題：

Step.1　點按〔**檔案**〕索引標籤。

Step.2　進入後台管理頁面，點按〔**選項**〕。

Step.3　進入〔Excel **選項**〕操作頁面，點按〔**公式**〕選項。

Step.4　點選〔**計算選項**〕下的〔**手動**〕選項，並勾選〔**儲存活頁簿前自動重算**〕核取方塊。

Step.5　最後點按〔**確定**〕按鈕。

工作 3

在 "各校各學習領域投入經費" 工作表上，對儲存格範圍 A2:A13 套用設定格式化的條件規則，使得學習領域總投入經費超過 $100 萬的學校名稱，可以填滿以下的 RGB 色彩："188", "255", "235"。

解題：

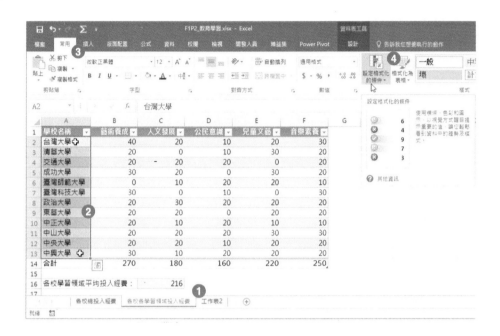

Step.1　點選〔**各校各學習領域投入經費**〕工作表。

Step.2　選取儲存格範圍 A2:A13。

Step.3　點按〔**常用**〕索引標籤。

Step.4　點按〔**樣式**〕群組裡的〔**設定格式化的條件**〕命令按鈕。

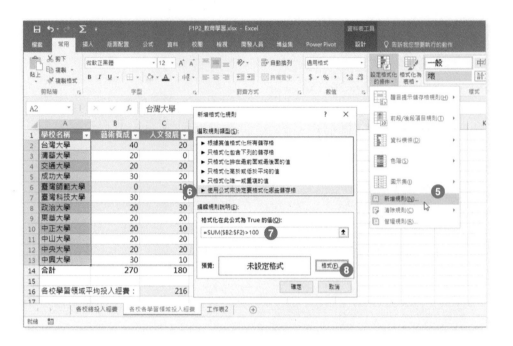

Step.5　從展開的功能選單中點選〔**新增規則**〕功能選項。

Step.6　開啟〔**新增格式化規則**〕對話方塊，點選規則類型為〔**使用公式來決定要格式化哪些儲存格**〕選項。

Step.7　在編輯規則說明裡，「格式化在此公式為 True 的值」下方的文字方塊內鍵入公式「=SUM($B2:$F2)>100」。

Step.8　點按〔**格式**〕按鈕。

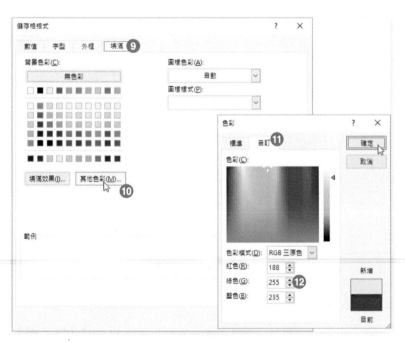

Step.9 開啟〔**儲存格格式**〕對話方塊,並點選〔**填滿**〕頁籤。

Step.10 點按〔**其他色彩**〕按鈕。

Step.11 開啟〔**色彩**〕對話方塊,並點選〔**自訂**〕頁籤。

Step.12 選擇色彩模式為「RGB 三原色」並輸入紅色為「188」、綠色為「255」、藍色為「235」,然後按下〔**確定**〕按鈕。

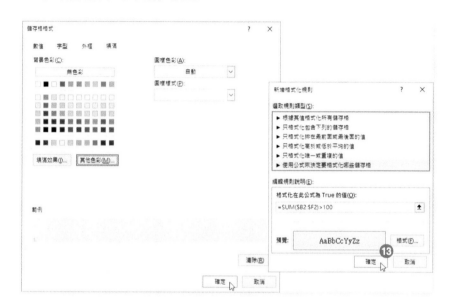

Step.13 回到〔**新增格式化規則**〕對話方塊,點按〔**確定**〕按鈕。

▲	A 學校名稱	B 藝術養成	C 人文發展	D 公民意識	E 兒童文藝	F 音樂素養
2	台灣大學	40	20	10	20	30
3	清華大學	20	0	10	30	20
4	交通大學	20	20	20	0	20
5	成功大學	30	20	0	30	20
6	臺灣師範大學	0	10	20	20	10
7	臺灣科技大學	30	0	10	0	30
8	政治大學	20	30	20	20	20
9	東華大學	20	20	0	20	20
10	中正大學	20	10	20	10	10
11	中山大學	20	20	20	30	30
12	中央大學	20	20	10	20	20
13	中興大學	30	10	20	20	20
14	合計	270	180	160	220	250
15						
16	各校學習領域平均投入經費:	216				

各校總投入經費 　各校各學習領域投入經費 　工作表2

就緒

Step.14 選取的範圍已經順利套用了剛剛建立的格式化規則。

5-13

工作 4

將 "各校總投入經費" 工作表裡的圖表，儲存為圖表範本檔，存放在 Charts 資料夾內，命名為 "經費統計圖表"。

解題：

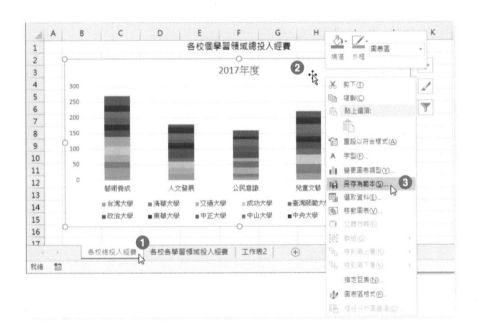

Step.1　點選〔**各校總投入經費**〕工作表。

Step.2　以滑鼠右鍵點按此工作表上的統計圖表。

Step.3　從展開的快顯功能表中點選〔**另存為範本**〕功能選項。

Step.4
開啟〔**儲存圖表範本**〕對話方塊，預設的存檔路徑是 Charts 資料夾。

Step.5
輸入存檔名稱為「經費統計圖表」，預設附檔案名稱為 .crtx，按下〔**儲存**〕按鈕。

工作 5

修改活頁簿選項，使得在使用瀏覽器開啟活頁簿時，僅能檢視 "各校總投入經費" 工作表。

解題：

Step.1 點按〔**檔案**〕索引標籤。

Step.2 進入後台管理頁面，點按〔**資訊**〕。

Step.3 進入〔**資訊**〕操作頁面，點按〔**瀏覽器檢視選項**〕按鈕。

Step.4 開啟〔**瀏覽器檢視選項**〕對話方塊，點選〔**檢視**〕頁籤。

Step.5 選擇〔**工作表**〕。

Step.6 僅勾選〔**各校總投入經費**〕核取方塊。

Step.7 最後點按〔**確定**〕按鈕。

工作 6

針對 "各校總投入經費" 工作表，防止使用者在此工作表上進行資料的變更，除非輸入密碼
「MyPassword」。不過，若未輸入密碼者，仍可以選取儲存格、欄、列並進行格式化。

解題：

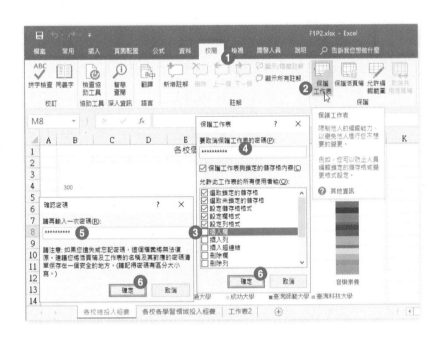

Step.1 切換到 "各校總投入經費" 工作表後，點按〔**校閱**〕索引標籤。

Step.2 點按〔**變更**〕群組裡的〔**保護工作表**〕命令按鈕。

Step.3 開啟〔**保護工作表**〕對話方塊，除了原本預設已經勾選的「選取鎖定的儲存格」
與「選取未鎖定的儲存格」兩核取方塊外，再勾選「設定儲存格格式」、「設定欄格
式」、「設定列格式」等三個核取方塊。

Step.4 輸入密碼。

Step.5 開啟〔**確認密碼**〕對話方塊，再輸入一次相同的密碼以確認。

Step.6 點按〔**確定**〕按鈕。

專案 3

說明：

北風公司銷售各種食物用油商品，客戶來自各縣市。你正在使用 Excel 追蹤與分析訂單資訊。

工作 1

在 "訂單交易" 工作表，格式化 B 欄為 中文（台灣）的日期格式，並採用中華民國曆格式。

解題：

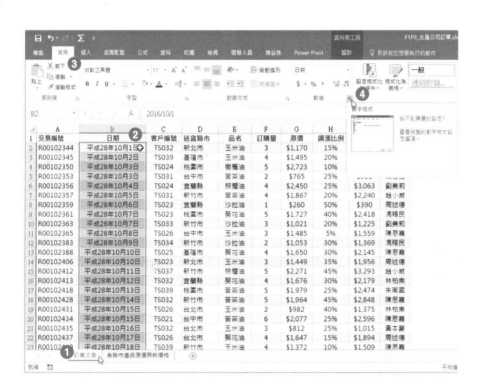

Step.1 點選〔**訂單交易**〕工作表。

Step.2 選取資料表裡的〔**日期**〕欄位，也就是儲存格範圍 B2:B73。

Step.3 點按〔**常用**〕索引標籤。

Step.4 點按〔**數值**〕群組名稱右側的數字格式對話方塊啟動器按鈕。

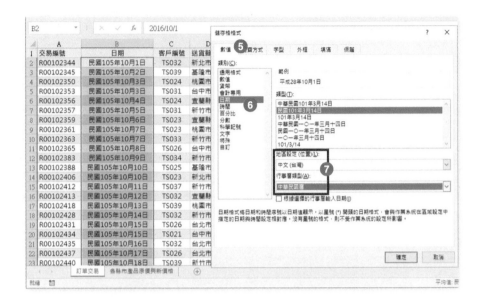

Step.5 開啟〔**儲存格格式**〕對話方塊，並切換到〔**數值**〕頁籤。

Step.6 點選〔**日期**〕類別。

Step.7 點選「地區設定（位置）」為「中文（台灣）」，再點選「行事曆類型」為「中華民國曆」，最後點按〔**確定**〕按鈕。

工作 2

啟用錯誤檢查規則，可以檢查出有不一致的計算結果欄公式。

解題：

Step.1 點按〔**檔案**〕索引標籤。

Step.2 進入後台管理頁面，點按〔**選項**〕。

Step.3 進入〔Excel **選項**〕操作頁面，點按〔**公式**〕選項。

Step.4 勾選〔**錯誤檢查規則**〕底下的〔**表格中有不一致的計算結果欄公式**〕核取方塊，最後下〔**確定**〕按鈕。

工作 3

在 "訂單交易" 工作表上，建立一個可以在水平座標軸上顯示「品名」的圖表，而每一筆交易的 "原價" 以「群組直條圖」顯示、每一筆交易的 "調漲比例" 則以「折線圖」顯示。

解題：

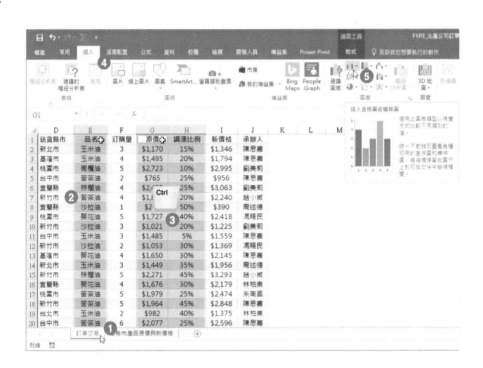

Step.1 點選〔**訂單交易**〕工作表。

Step.2 選取 E 欄品名資料，儲存格範圍 E1:E73。

Step.3 按住 Ctrl 按鍵不放再拖曳選取 G 欄原價資料與 H 欄調漲資料，儲存格範圍 G1:H73。

Step.4 點按〔**插入**〕索引標籤。

Step.5 點按〔**圖表**〕群組裡的〔**插入直條圖或橫條圖**〕命令按鈕。

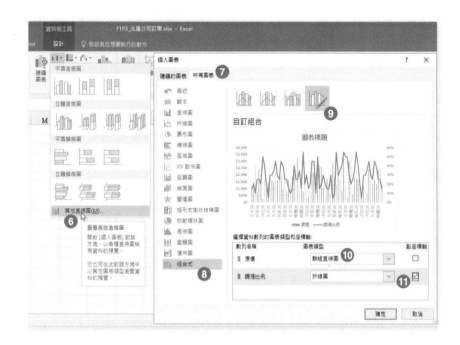

Step.6 從展開的功能選單中，點選〔**其他直條圖**〕選項。

Step.7 開啟〔**插入圖表**〕對話操作，點選〔**所有圖表**〕頁籤。

Step.8 點選〔**組合式**〕圖表類型。

Step.9 點選〔**自訂組合**〕。

Step.10 維持「原價」數列以「群組直條圖」圖表類型顯示。

Step.11 點選「調漲比例」數列的圖表類型為〔**折線圖**〕，並勾選〔**副座標軸**〕核取方塊。

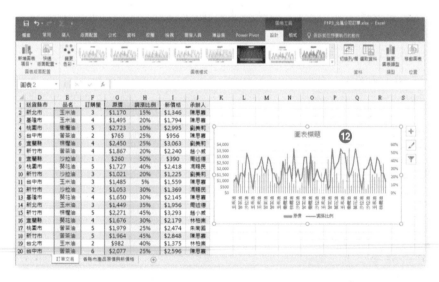

Step.12 完成圖表的建立。

工作 4

在"各縣市產品原價與新價格"工作表上,根據月份群組日期資料。

解題:

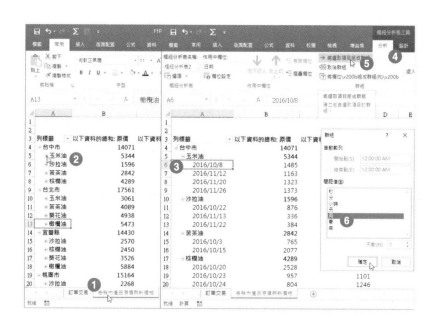

Step.1 點選〔**各縣市產品原價與新價格**〕工作表。

Step.2 點按產品名稱左側的加號以展開下一層級(日期)的維度。

Step.3 點選 A 欄裡的某一個日期性資料儲存格,例如:儲存格 A6。

Step.4 點按〔**樞紐分析表工具**〕底下的〔**分析**〕索引標籤。

Step.5 點按〔**將選取項目組成群組**〕命令按鈕。

Step.6 開啟〔**群組**〕對話方塊,僅點選間距值裡的「月」選項。最後,點按〔**確定**〕按鈕。

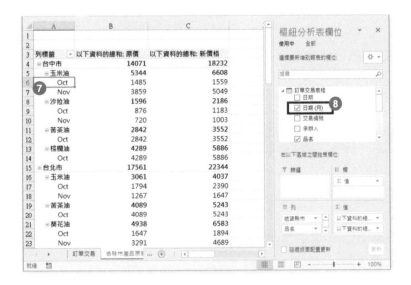

Step.7 原本以日期為群組的樞紐分析摘要，改成僅以月份為群組。

Step.8 在樞紐分析表欄位清單裡，與日期欄位相關的核取方塊，也僅有勾選「日期(月)」核取方塊。

工作 5

在 "各縣市產品原價與新價格" 工作表上，以列表方式顯示資料，並在每一個品名之後插入空白列。

解題：

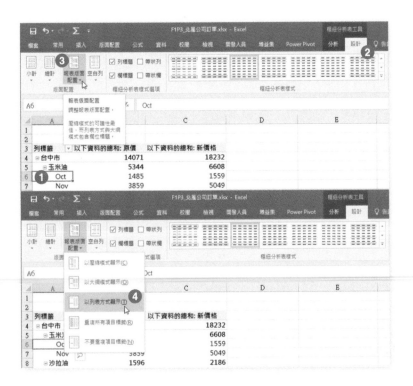

Step.1 點選〔**各縣市產品原價與新價格**〕工作表裡樞紐分析表內的任一儲存格。例如：儲存格 A6。

Step.2 點按〔**樞紐分析表工具**〕底下的〔**設計**〕索引標籤。

Step.3 點按〔**版面配置**〕群組裡的〔**報表版面配置**〕命令按鈕。

Step.4 從展開的版面配置選單中點選〔**以列表方式顯示**〕。

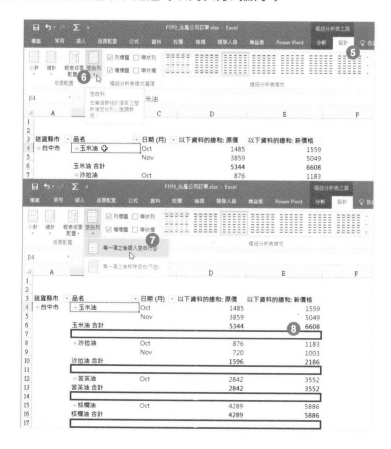

Step.5 點按〔**樞紐分析表工具**〕底下的〔**設計**〕索引標籤。

Step.6 點按〔**版面配置**〕群組裡的〔**空白列**〕命令按鈕。

Step.7 從展開的功能選單中點選〔**每一項之後插入空白列**〕選項。

Step.8 每一個產品名稱之後插入了一個空白列。

專案 4

說明:

你在全泉科技公司的銷售部門工作。目前正在使用 Excel 進行各業務員銷售業績摘要統計與獎金計算。

工作 1

修改 "MyStyle" 樣式 加上淺綠色外框與紫色雙線底線框。

解題:

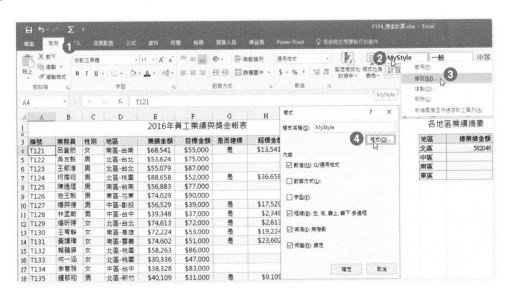

Step.1　點按〔**常用**〕索引標籤。

Step.2　以滑鼠右鍵點按〔**樣式**〕群組裡的〔MyStyle〕樣式名稱。

Step.3　從展開的快顯功能表中點選〔**修改**〕功能選項。

Step.4　開啟〔**樣式**〕對話方塊,點按〔**格式**〕按鈕。

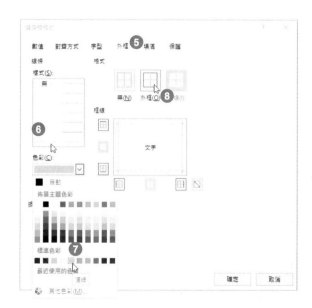

Step.5
開啟〔**儲存格格式**〕對話方塊，點按〔**外框**〕索引頁籤。

Step.6
點選單線樣式。

Step.7
點選淺綠色。

Step.8
點按〔**外框**〕按鈕。

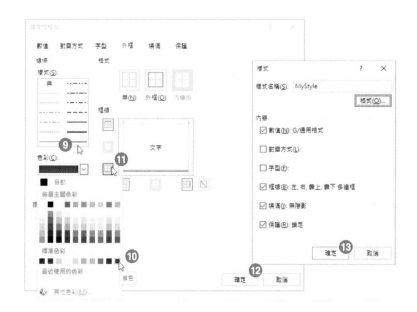

Step.9 點選雙底線樣式。

Step.10 點選紫色。

Step.11 點按〔**底框線**〕按鈕。

Step.12 點選〔**確定**〕按鈕。

Step.13 回到〔**樣式**〕對話方塊，點按〔**確定**〕按鈕。

工作 2

在 "業績與獎金" 工作表的儲存格 M4，使用條件式加總函數來計算每一位已經賺取到獎金的北區業務員，他們的業績金額總合。

解題：

Step.1 點選〔**業績與獎金**〕工作表。

Step.2 點選儲存格 M4，並輸入公式 =SUMIFS(E4:E75,D4:D75,L4&"*",G4:G75," 是 ")，然後按下 Enter 按鍵。

工作 3

在 "業績與獎金" 工作表的 I 欄位，透過 "獎金比例對照表" 資料表，使用 VLOOKUP 函數以傳回每一位員工所賺取的獎金比例。不要變更在參照欄位裡的任何資料值。

解題：

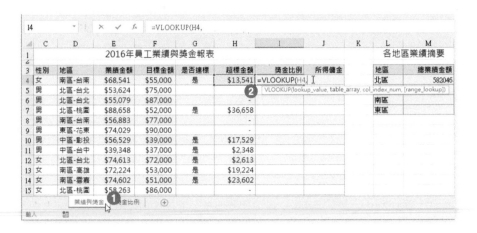

Step.1 點選〔**業績與獎金**〕工作表。

Step.2 點選儲存格 I4，輸入公式 =VLOOKUP(H4,。

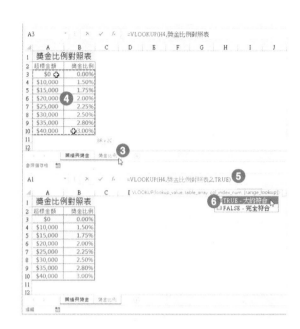

Step.3

點選〔**獎金比例**〕工作表。

Step.4

選取此工作表的儲存格範圍 A3:B10。在此例中，此範圍的命名為「獎金比例對照表」。

Step.5

公式列上將自動呈現 =VLOOKUP(H4, 獎金比例對照表。

Step.6

輸 入 後 續 的 參 數， 形 成 =VLOOKUP(H4, 獎 金 比 例 對 照 表 ,2,TRUE) 並 按 下 Enter 按鍵，完成此公式的建立。

05

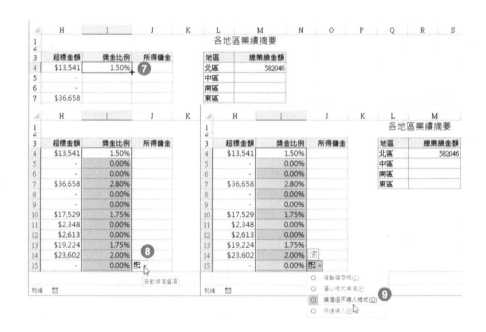

Step.7 回到〔**業績與獎金**〕工作表裡的儲存格 I4 即可看到公式計算的結果。將滑鼠游標停在此儲存格的填滿控點上，快速點按兩下滑鼠左鍵。

Step.8 迅速填滿公式式此欄底部，點按〔**自動填滿選項**〕按鈕。

Step.9 從展開的功能選單中點選〔**填滿但不填入格式**〕功能選項。

工作 4

在"業績與獎金"工作表中,將儲存格範圍 D4:D75 命名為"地區",建立屬於活頁簿範圍的範圍名稱。

解題:

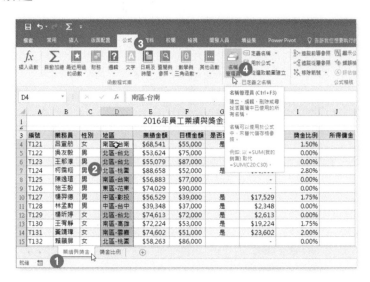

Step.1
點選〔業績與獎金〕工作表。

Step.2
選取儲存格範圍 D4:D75。

Step.3
點按〔公式〕索引標籤。

Step.4
點按〔已定義之名稱〕群組裡的〔名稱管理員〕命令按鈕。

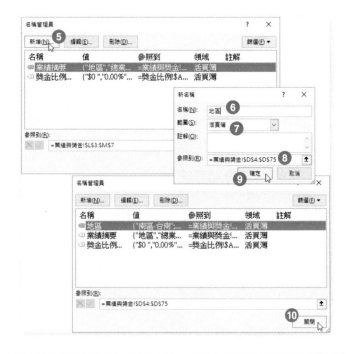

Step.5
開啟〔名稱管理員〕對話方塊,點按〔新增〕按鈕。

Step.6
開啟〔新名稱〕對話方塊,輸入名稱為「地區」。

Step.7
確認範圍為〔活頁簿〕。

Step.8
確認參照到剛剛事先選取的範圍 D4:D75(此處將以工作表名稱與絕對位址的方式呈現參照位址)。

Step.9 點按〔確定〕按鈕。

Step.10 回到〔名稱管理員〕對話方塊,點按〔關閉〕按鈕。

5-28

工作 5

修改範圍名稱為"業績摘要"的參照範圍,讓參照範圍僅含括 L4:M7。

解題:

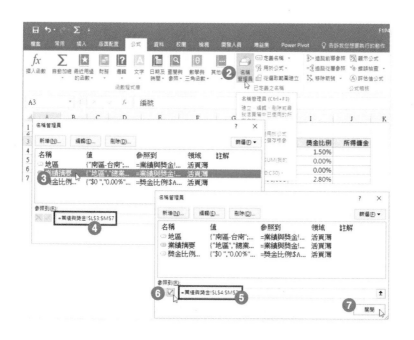

Step.1　點按〔**公式**〕索引標籤。

Step.2　點按〔**已定義之名稱**〕群組裡的〔**名稱管理員**〕命令按鈕。

Step.3　開啟〔**名稱管理員**〕對話方塊,點選〔**業績摘要**〕範圍名稱。

Step.4　點選此範圍名稱原先定義的參照位址。

Step.5　修改參照位址為「業績與獎金 !$L$4:$M$7」。

Step.6　點按確認按鈕。

Step.7　點按〔**關閉**〕按鈕。

專案 5

說明：

你正在建立一個可供全泉自行車公司營業部銷售經理所使用的 Excel 活頁簿。

工作 1

在 "最佳銷售員" 工作表的儲存格 G3，新增一個使用 Cube 函數與 資料模型 的公式，以取得 2015 年最佳銷售的自行車款。

解題：

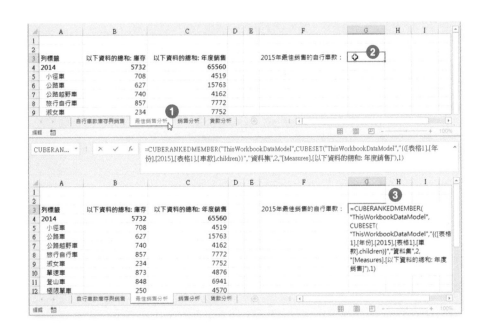

Step.1　點選〔**最佳銷售員**〕工作表。

Step.2　點選儲存格 G3，在此輸入 CUBE 函數。

Step.3　輸入公式 =CUBERANKEDMEMBER("ThisWorkbookDataModel",CUBESET("ThisWorkbookDataModel","{([表格 1].[年份].[2015],[表格 1].[車款].children)}"," 資料集 ",2,"[Measures].[以下資料的總和 : 年度銷售]"),1) ，然後按下 Enter 按鍵。

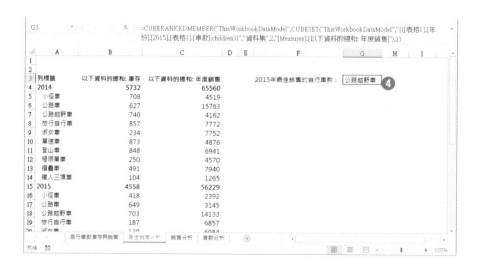

Step.4 2015 年最佳銷售的自行車款為公路越野車。

工作 2

在 "貸款分析" 工作表的儲存格 C9，新增一公式計算出每月償付的金額。假設每月期初償付本利，請先將本金減去 "自備款"。

解題：

Step.1 點選〔**貸款分析**〕工作表。

Step.2 點選儲存格 C9。

Step.3 輸入公式 =PMT(C6/12,C8*12,C5-C7,,1)，然後按下 Enter 按鍵。

計算出每月償付的本利為 4655 元。

工作 3

在 "自行車款庫存與銷售" 工作表的 I 欄位新增一個公式,當自行車的庫存量大於 "上個月的銷售量" 兩倍以上,或者大於 "年度銷售量" 的平均值,則顯示 "是",否則顯示 "否"。

解題:

Step.1 點選〔**自行車款庫存與銷售**〕工作表。

Step.2 點選儲存格 I2,然後輸入公式 =IF(OR(E2>F2*2,E2>AVERAGE($H$2:$H$31))," 是 "," 否 ") 並按下 Enter 按鍵。

Step.3 回到〔**自行車款庫存與銷售**〕工作表裡的儲存格 I 即可看到公式計算的結果。將滑鼠游標停在此儲存格的填滿控點上，快速點按兩下滑鼠左鍵。

Step.4 迅速填滿公式式此欄底部，點按〔**自動填滿選項**〕按鈕，並從展開的功能選單中點選〔填滿但不填入格式〕功能選項。

Step.5 完成 I 欄的公式運算。

工作 4

在 "自行車款庫存與銷售" 工作表上，針對整個資料列套用格式化的條件，規則是 "上個月的銷售量" 大於 "庫存量" 的 85% 時，套用粗體字型樣式並變更字型顏色為 RGB "215", "15", "172"。

解題：

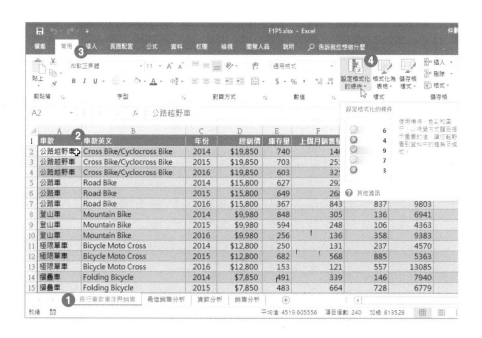

Step.1 點選〔**自行車款庫存與銷售**〕工作表。

Step.2 選取儲存格範圍 A2:I31。

Step.3 點按〔**常用**〕索引標籤。

Step.4 點按〔**樣式**〕群組裡的〔**設定格式化的條件**〕命令按鈕。

Step.5 從展開的功能選單中點選〔**新增規則**〕功能選項。

Step.6 開啟〔**新增格式化規則**〕對話方塊，點選〔**使用公式來決定要格式化哪些儲存格**〕選項。

Step.7 輸入格式化公式為「=$F2>$E2*85%」。

Step.8 點按〔**格式**〕按鈕。

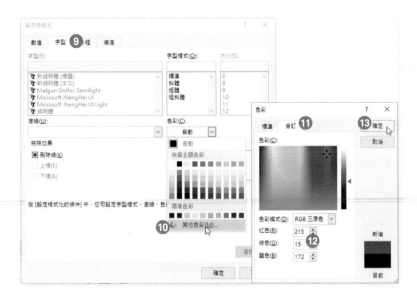

Step.9 開啟〔**儲存格格式**〕對話方塊，點選〔**字型**〕頁籤。

Step.10 點選色彩裡的〔**其他色彩**〕。

Step.11 開啟〔**色彩**〕對話方塊，點按〔**自訂**〕頁籤。

Step.12 輸入紅色為「215」、綠色為「15」、藍色為「172」。

Step.13 點按〔**確定**〕按鈕，結束字型色彩的設定。

05

Step.14 回到〔**儲存格格式**〕對話方塊，點選字型樣式為〔**粗體**〕。

Step.15 點按〔**確定**〕按鈕，結束〔**儲存格格式**〕對話方塊的操作。

Step.16 回到〔**新增格式化規則**〕對話方塊，點按〔**確定**〕按鈕。

完成儲存格格式化的設定：

	A	B	C	D	E	F	G	H	I
1	車款	車款英文	年份	經銷價	庫存量	上個月銷售量	本月銷售量	年度銷售量	提供優惠
2	公路越野車	Cross Bike/Cyclocross Bike	2014	$19,850	740	146	851	4162	是
3	公路越野車	Cross Bike/Cyclocross Bike	2015	$19,850	703	251	194	14133	是
4	公路越野車	Cross Bike/Cyclocross Bike	2016	$19,850	603	325	271	6030	否
5	公路車	Road Bike	2014	$15,800	627	292	629	15763	是
6	公路車	Road Bike	2015	$15,800	649	268	145	3145	是
7	公路車	Road Bike	2016	$15,800	367	843	837	9803	否
8	登山車	Mountain Bike	2014	$9,980	848	305	136	6941	是
9	登山車	Mountain Bike	2015	$9,980	594	248	106	4363	是
10	登山車	Mountain Bike	2016	$9,980	256	136	358	9383	否
11	極限單車	Bicycle Moto Cross	2014	$12,800	250	131	237	4570	否
12	極限單車	Bicycle Moto Cross	2015	$12,800	682	568	885	5363	否
13	極限單車	Bicycle Moto Cross	2016	$12,800	153	121	557	13085	否
14	摺疊車	Folding Bicycle	2014	$7,850	491	339	146	7940	否
15	摺疊車	Folding Bicycle	2015	$7,850	483	664	728	6779	否
16	摺疊車	Folding Bicycle	2016	$7,850	802	161	769	12185	是
17	小徑車	Mini Velo	2014	$8,200	708	645	324	4519	否
18	小徑車	Mini Velo	2015	$8,200	418	432	297	2392	否
19	小徑車	Mini Velo	2016	$8,200	688	157	757	5710	是
20	旅行自行車	Touring Bicycle	2014	$4,270	857	633	447	7772	否
21	旅行自行車	Touring Bicycle	2015	$4,270	187	511	136	6857	否

自行車款庫存與銷售 | 最佳銷售分析 | 貨款分析 | 銷售分析 | (+)

工作 5

在 "貸款分析" 工作表上的儲存格 C8 新增一項資料驗證規則，設定當使用者輸入了小於 1 或大於 4 或帶有小數點的數字時，便顯示停止的錯誤訊息，且訊息的標題為 "錯誤輸入"、訊息的內容為 "1 到 4 之間整數值"。

解題：

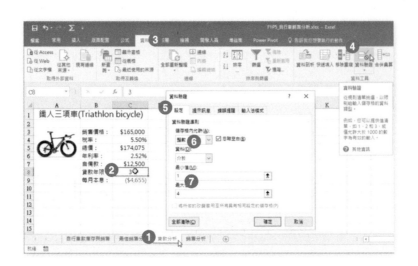

Step.1　點選〔**貸款分析**〕工作表。

Step.2　點選儲存格 C8。

Step.3　點按〔**資料**〕索引標籤。

Step.4　點按〔**資料工具**〕群組裡的〔**資料驗證**〕命令按鈕。

Step.5　開啟〔**資料驗證**〕對話方塊，點按〔**設定**〕頁籤。

Step.6　選擇儲存格內允許「整數」，並設定資料的驗證為「介於」。

Step.7　再輸入最小值驗證為「1」、最大值驗證為「4」。

Step.8

點按〔**錯誤提醒**〕頁籤，選擇樣式為「停止」。

Step.9

輸入標題文字為「錯誤輸入」。

Step.10

輸入訊息的內容為「1 到 4 之間整數值」，然後按下〔**確定**〕按鈕。

工作 6

在 "銷售分析" 工作表上修改圖表,讓每個年度裡顯示著各種型號。

解題:

Step.1 點按〔**銷售分析**〕工作表。

Step.2 點選此工作表裡的樞紐分析圖。

Step.3 點按〔**樞紐分析圖工具**〕底下的〔**分析**〕索引標籤。

Step.4 點按〔**顯示/隱藏**〕群組裡的〔**欄位清單**〕命令按鈕。

Step.5
畫面右側開啟〔**樞紐分析表欄位**〕工作窗格。

Step.6
拖曳左下方座標軸(類別)區域裡原本位於〔**車款**〕欄位下方的〔**年份**〕欄位。

Step.7
往上拖曳,將〔**年份**〕欄位改置於〔**車款**〕欄位的上方。

即完成每一年度裡顯示著各種型號的樞紐分析圖：

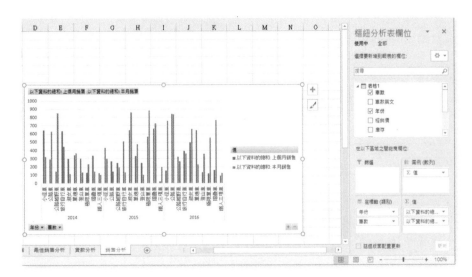

專案 1

說明：

你專門負責巧藝影視公司所管轄的各廳院。你正透過 Excel 活頁簿建立可以用來分析一週各地各廳院票務狀況的試算表與圖表。

工作 1

變更活頁簿的計算選項，使得包含公式的儲存格並不會在變更數值時顯示計算結果的變更，除非手動重新計算活頁簿，或者當儲存活頁簿時才重新計算。

解題：

Step.1　點按〔**檔案**〕索引標籤。

Step.2　進入後台管理頁面，進入〔**資訊**〕頁面。

Step.3　開啟〔Excel **選項**〕對話，點按〔**公式**〕選項。

Step.4　點選〔**計算選項**〕裡的〔**手動**〕選項。

Step.5　勾選〔**儲存活頁簿前自動重算**〕核取方塊。

Step.6　點按〔**確定**〕按鈕。

工作 2

在 "各廳情人座位" 工作表的儲存格範圍 A2:A25 填滿 "星期一",不要變更儲存格格式。

解題:

	A	B	C	D
1	星期	廳院	分店	餐飲提供
2	星期一	幸福廳	羅東店	是
3		欣樂廳	羅東店	否
4		闔家廳	羅東店	否
5		歡樂廳	羅東店	是
6		幸福廳	基隆店	是
7		欣樂廳	基隆店	是
8		闔家廳	基隆店	是
9		歡樂廳	基隆店	是
10		幸福廳	台北店	是
11		欣樂廳	台北店	是
12		闔家廳	台北店	是
13		歡樂廳	台北店	是
14		幸福廳	新北店	是
15		欣樂廳	新北店	是
16		闔家廳	新北店	是
17		歡樂廳	新北店	是
18		幸福廳	桃園店	是
19		欣樂廳	桃園店	是
20		闔家廳	桃園店	否
21		歡樂廳	桃園店	否
22		幸福廳	新竹店	是
23		欣樂廳	新竹店	是
24		闔家廳	新竹店	否
25		歡樂廳	新竹店	否
26				

各廳情人座位　產品價格

	A	B	C
1	星期	廳院	分店
2	星期一	幸福廳	羅東店
3		欣樂廳	羅東店
4		闔家廳	羅東店
5		歡樂廳	羅東店
6		幸福廳	基隆店
7		欣樂廳	基隆店
8		闔家廳	基隆店
9		歡樂廳	基隆店
10		幸福廳	台北店
11		欣樂廳	台北店
12		闔家廳	台北店
13		歡樂廳	台北店
14		幸福廳	新北店
15		欣樂廳	新北店
16		闔家廳	新北店
17		歡樂廳	新北店
18		幸福廳	桃園店
19		欣樂廳	桃園店
20		闔家廳	桃園店
21		歡樂廳	桃園店
22		幸福廳	新竹店
23		欣樂廳	新竹店
24		闔家廳	新竹店
25		歡樂廳	新竹店
26			

各廳情人座位

	A	B	C
1	星期	廳院	分店
2	星期一	幸福廳	羅東店
3	星期二	欣樂廳	羅東店
4	星期三	闔家廳	羅東店
5	星期四	歡樂廳	羅東店
6	星期五	幸福廳	基隆店
7	星期六	欣樂廳	基隆店
8	星期日	闔家廳	基隆店
9	星期一	歡樂廳	基隆店
10	星期二	幸福廳	台北店
11	星期三	欣樂廳	台北店
12	星期四	闔家廳	台北店
13	星期五	歡樂廳	台北店
14	星期六	幸福廳	新北店
15	星期日	欣樂廳	新北店
16	星期一	闔家廳	新北店
17	星期二	歡樂廳	新北店
18	星期三	幸福廳	桃園店
19	星期四	欣樂廳	桃園店
20	星期五	闔家廳	桃園店
21	星期六	歡樂廳	桃園店
22	星期日	幸福廳	新竹店
23	星期一	欣樂廳	新竹店
24	星期二	闔家廳	新竹店
25	星期三	歡樂廳	新竹店
26			

各廳情人座位　自動填滿選項

Step.1 點選〔**各廳情人座位**〕工作表。

Step.2 點選儲存格 A2,並將滑鼠指標停在此儲存格右下角的填滿控點上(滑鼠指標呈現小十字狀)。

Step.3 往下拖曳至儲存格 A25,並點按右側自動彈跳出來的〔**自動填滿選項**〕按鈕。

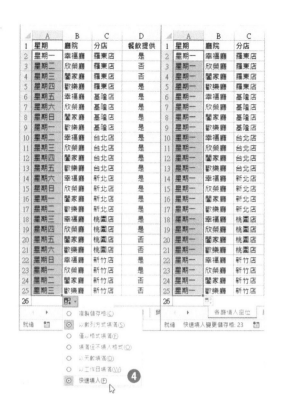

	複製儲存格(C)
○	以數列方式填滿(S)
⦿	僅以格式填滿(F)
○	填滿但不填入格式(O)
○	以天數填滿(D)
○	以工作日填滿(W)
⦿	快速填入(F) ④

各欄填入座位

就緒　快速填入變更儲存格: 23

Step.4

從展開的功能選單中點選〔**快速填入**〕。

TIPS & TRICKS

➤ 選取儲存格範圍 **A2:A25** 後，按一下功能鍵 **F2**，可進入儲存格 **A2** 的編輯狀態，立即按下 **Ctrl+Enter** 按鍵，亦可完成此工作需求，將儲存格 **A2** 的內容填滿複製於整個選取範圍，並維持原本的存格格式。

➤ 您也可以使用傳統的複製、貼上操作來完成此項工作，不過，貼上時要採用〔**貼上值**〕的選擇性貼上，而不是一般的貼上。

工作 3

在"產品價格"工作表上，格式化儲存格範圍 F5:F24 裡的資料，以日圓日文符號顯示並取一位小數。請不要建立自訂的格式。

解題：

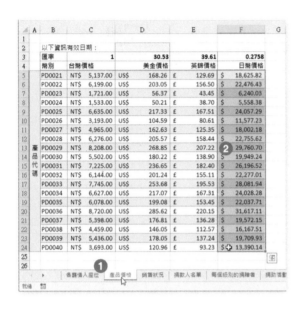

Step.1
點選〔**產品價格**〕工作表。

Step.2
選取儲存格範圍 F5:F24。

Step.3
點按〔**常用**〕索引標籤。

Step.4
點按〔**數值**〕群組裡的〔**數值格式**〕命令按鈕旁的倒三角形按鈕。

Step.5
從展開的數值格式選單中點選〔**其他數字格式**〕功能選項。

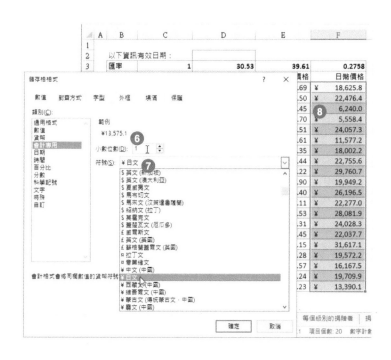

Step.6 開啟〔**儲存格格式**〕對話方塊並自動切換到〔**數值**〕索引頁籤，設定小數位數為「1」。

Step.7 點按符號使用〔**¥日文**〕，然後點按〔**確定**〕按鈕。

Step.8 完成日圓日文符號的設定。

類似題：

請以歐元符號顯示，但不要使用特定的語言或地區，並且選擇歐元符號應顯示在數值的後面。

工作 4

在 "產品價格" 工作表的儲存格 D2 裡,輸入函數以顯示目前的日期與時間。

解題:

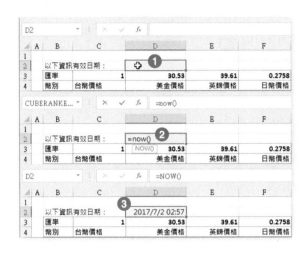

Step.1

點選儲存格 D2。

Step.2

輸入函數「=now()」。

Step.3

按下 Enter 按鍵完成函數的輸入後,即可看到當下的電腦系統日期與時間。

工作 5

在 "銷售狀況" 工作表上建立一個新的圖表,以區域圖表呈現「全票銷售量」、並以折線圖且使用副座標軸呈現「優待票比例」。

解題:

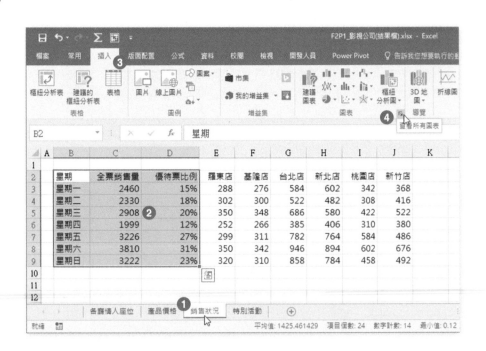

Step.1 點選〔**銷售狀況**〕工作表。

Step.2 選取儲存格範圍 B2:D9。

Step.3 點按〔**插入**〕索引標籤。

Step.4 點按〔**圖表**〕群組名稱右側的〔**查看所有圖表**〕對話方塊啟動器按鈕。

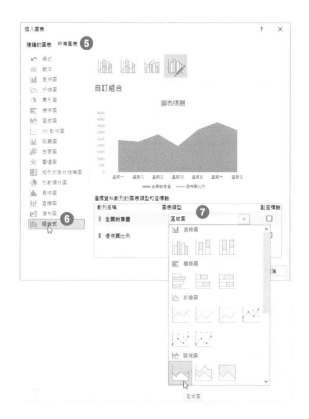

Step.5
開啟〔**插入圖表**〕對話方塊後,點選〔**所有圖表**〕索引頁籤。

Step.6
點選〔**組合式**〕圖表類型。

Step.7
點選〔**全票銷售量**〕數列的圖表類型為〔**區域圖**〕。

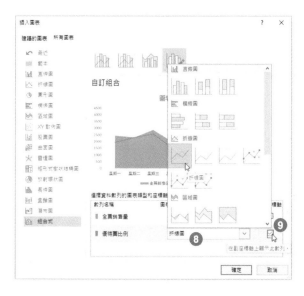

Step.8
點選〔**優待票比例**〕數列的圖表類型為〔**折線圖**〕。

Step.9
勾選〔**副座標軸**〕核取方塊,然後按下確認按鈕。

完成統計圖表的製作：

專案 2

說明：

你在 Best 食品公司的貝果烘焙體驗營擔任營長，正在準備一個專用於分析活動與產品銷售的 Excel 活頁簿。

工作 1

使用 "企業等級消費" 工作表上的資料，在 "年度統計" 工作表上建立一個 樞紐分析圖 以顯示企業年度消費的平均值。在水平座標軸的設定上，將 "卡別" 顯示在 "參與年度" 之內。

解題：

Step.1
點選 "企業等級消費" 工作表。

Step.2
點按〔插入〕索引標籤。

Step.3
點按〔圖表〕群組裡的〔樞紐分析圖〕命令按鈕。

Step.4
開啟〔建立樞紐分析圖〕對話方塊，Excel 會自動標示選取範圍。

Step.5
點選〔已經存在的工作表〕選項。

Step.6

點按〔**年度統計**〕工作表索引標籤，
切換到此工作表。

Step.7

點按儲存格 A1。

Step.8

自動標示樞紐分析圖的目的地為〔**年
度統計**〕工作表的儲存格 A1。

05

Step.9

點按〔**確定**〕按鈕。

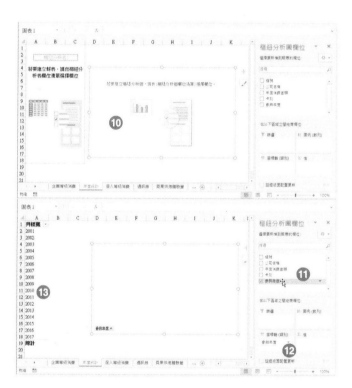

Step.10

立即在〔**年度統計**〕工作表建立樞
紐分析表與樞紐分析圖。

Step.11

拖曳「參與年度」欄位。

Step.12

拖放至〔**座標軸（類別）**〕區域裡。

Step.13

樞紐分析表上逐列顯示年度。

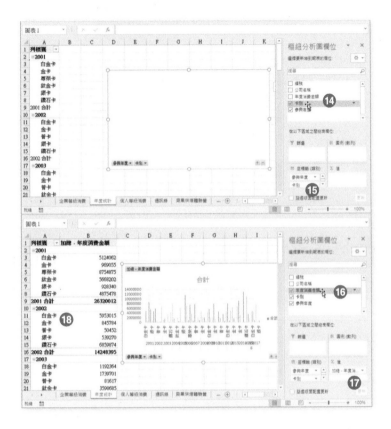

Step.14 拖曳「卡別」欄位。

Step.15 拖放至〔**座標軸(類別)**〕區域裡原先的「參與年度」欄位底下。

Step.16 拖曳「年度消費金額」欄位。

Step.17 拖放至〔**Σ 值**〕區域裡。

Step.18 樞紐分析表上逐列年度之下再逐列顯示各種卡別,摘要值欄位則計算出年度消費金額的加總。

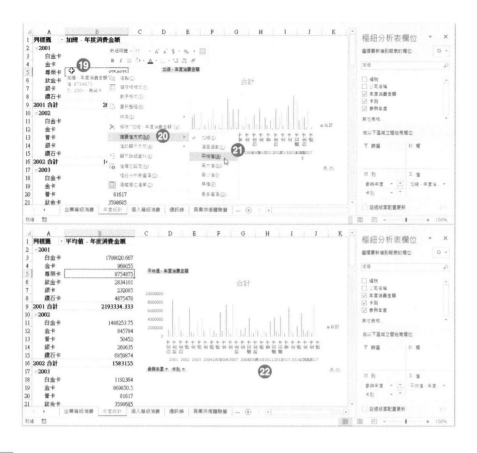

Step.19 以滑鼠右鍵點按樞紐分析表裡的任一摘要值。

Step.20 從展開的快顯功能表中點選〔**摘要值方式**〕選項。

Step.21 從展開的副選單中點選〔**平均值**〕選項。

Step.22 完成企業年度消費平均值的樞紐分析圖。

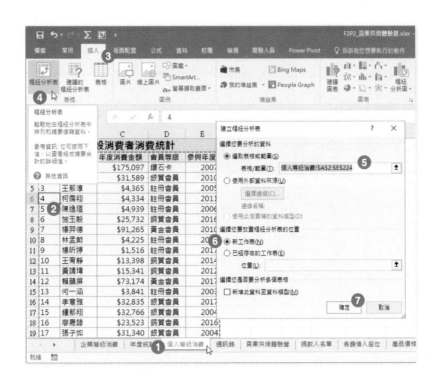

工作 2

使用"個人等級消費"工作表裡的資料,在新的工作表示建立一個樞紐分析表,顯示每一個會員等級的年度消費金額的總和。

解題:

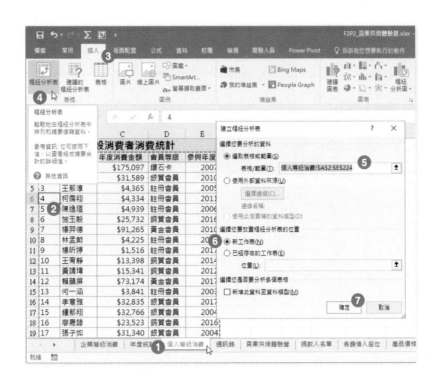

Step.1 點選 "個人等級消費" 工作表。

Step.2 點選任一含有資料的儲存格,例如:儲存格 A6。

Step.3 點按〔**插入**〕索引標籤。

Step.4 點按〔**表格**〕群組裡的〔**樞紐分析表**〕命令按鈕。

Step.5 開啟〔**建立樞紐分析表**〕對話方塊,Excel 會自動標示選取範圍。

Step.6 點選〔**新工作表**〕選項。

Step.7 點按〔**確定**〕按鈕。

5-50

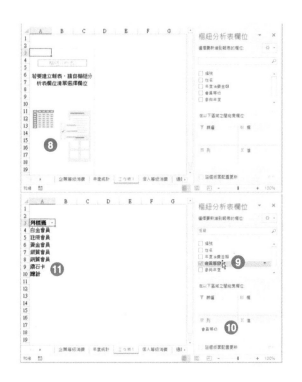

Step.8
立即在新工作表〔**工作表 1**〕建立樞紐分析表。

Step.9
拖曳「會員等級」欄位。

Step.10
拖放至〔**列**〕區域裡。

Step.11
樞紐分析表上逐列顯示每一種會員等級。

Step.12 拖曳「年度消費金額」欄位。

Step.13 拖放至〔**Σ 值**〕區域裡。

Step.14 完成顯示每一種會員等級其年度消費金額之總和的樞紐分析表。

工作 3

在 "通訊錄" 工作表上,將資料表命名為 "會員資訊"。

解題:

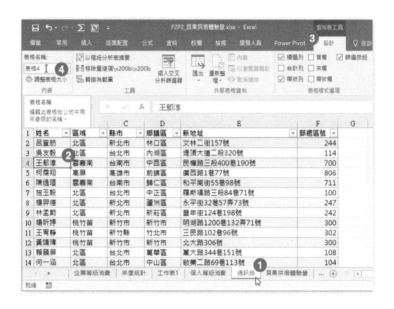

Step.1   點選 "通訊錄" 工作表。

Step.2   點選此工作表上資料表裡的任一儲存格,例如:A4。

Step.3   點按〔**資料表工具**〕底下的〔**設計**〕索引標籤。

Step.4   點按〔**內容**〕群組裡的表格名稱文字方塊。

Step.5
選取既有的預設資料表名稱。

Step.6
輸入資料表名稱「會員資訊」。

工作 4

在 "貝果烘焙體驗營" 工作表的 F 欄，使用 AND 函數新增一個公式，可在企業參與了所有的三種貝果活動體驗營時顯示 TRUE，否則顯示 FALSE.。

解題：

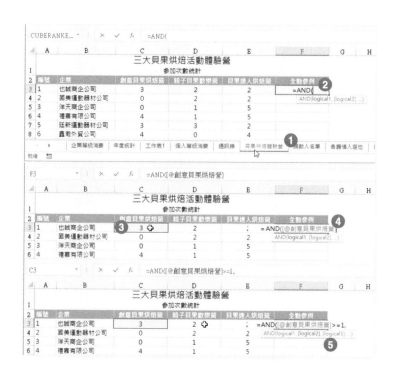

Step.1　點選〔**貝果烘焙體驗營**〕工作表。

Step.2　點選儲存格 F3，輸入公式「=AND(」。

Step.3　點按儲存格 C3。

Step.4　在公式中以結構化參照的方式參照到儲存格 C3 的內容。

Step.5　繼續輸入後續的參數，形成「=AND([@ 創意貝果烘焙營]>=1,」。

Step.6 持續相同的參照與公式的編輯,完成以下的公式「=AND([@ 創意貝果烘焙營]>=1,[@ 親子貝果歡樂營]>=1,[@ 貝果達人烘焙營]>=1)」。

Step.7 結束公式的建立後,顯示公式的計算結果。

工作 5

變更佈景主題色彩為紫羅蘭色並儲存佈景主題至預設的資料夾路徑,且檔案名稱命名為 "歡樂貝果烘焙營"。

解題:

Step.1
點按〔版面配置〕索引標籤。

Step.2
點按〔佈景主題〕群組裡的〔色彩〕命令按鈕。

Step.3
從展開的版面配置色彩清單中點選〔紫羅蘭色〕。

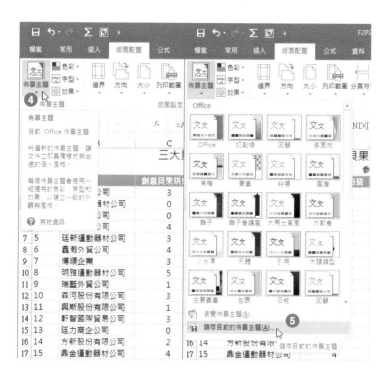

Step.4 點按〔**佈景主題**〕群組裡的〔**佈景主題**〕命令按鈕。

Step.5 從展開的佈景主題清單中點選〔**儲存目前的佈景主題**〕功能選項。

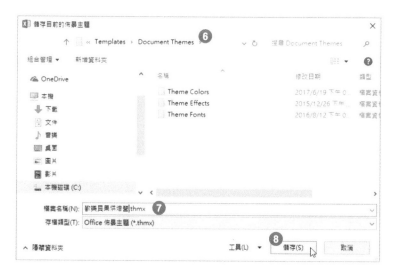

Step.6 開啟〔**儲存目前的佈景主題**〕對話方塊，不須改變預設路徑。

Step.7 輸入佈景主題檔案名稱「歡樂貝果烘焙營」。

Step.8 點按〔**儲存**〕按鈕。

專案 3

說明：

您正在準備一份銷售報告，要提供給全泉服飾精品公司的新就任業務經理。

工作 1

在 "下半年銷售" 工作表上，修改套用在儲存格範圍 J3:J33 之設定格式化的條件規則，請使用內建規則來設定所有數值高於整欄平均值時顯示粗體字，並設定為紅色字型色彩。

解題：

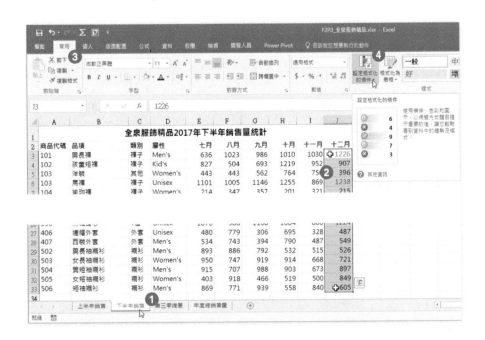

Step.1 點選 "下半年銷售" 工作表。

Step.2 選取儲存格範圍 J3:J33。

Step.3 點按〔**常用**〕索引標籤。

Step.4 點按〔**樣式**〕群組裡的〔**設定格式化的條件**〕命令按鈕。

Step.5 從展開的格式化條件選單中點選〔**管理規則**〕功能選項。

Step.6 開啟〔**設定格式化的條件規則管理員**〕對話方塊,點選已經設定好的規則。

Step.7 點按〔**編輯規則**〕按鈕。

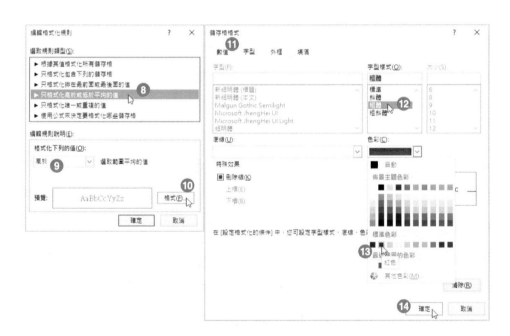

Step.8 開啟〔**編輯格式化規則**〕對話方塊,點選〔**只格式化高於或低於平均的值**〕選項。

Step.9 選擇〔**高於**〕。

Step.10 點按〔**格式**〕按鈕。

Step.11 開啟〔**儲存格格式**〕對話方塊，點選〔**字型**〕索引頁籤。

Step.12 選擇〔**粗體**〕字型樣式。

Step.13 點選字型色彩為〔**紅色**〕。

Step.14 點按〔**確定**〕按鈕。

Step.15 回到〔**編輯格式化規則**〕對話方塊，點按〔**確定**〕按鈕。

Step.16 回到〔**設定格式化的條件規則管理員**〕對話方塊，點按〔**確定**〕按鈕。

完成設定格式化條件規則的變更，顯示高於平均值的數據已經變成紅色粗體字：

	A	B	C	D	E	F	G	H	I	J	K
1			全泉服飾精品2017年下半年銷售量統計								
2	商品代碼	品項	類別	屬性	七月	八月	九月	十月	十一月	十二月	
3	101	男長褲	褲子	Men's	636	1023	986	1010	1030	1226	
4	102	孩童短褲	褲子	Kid's	827	504	693	1219	952	907	
5	103	洋裝	其他	Women's	443	443	562	764	750	396	
6	103	馬褲	褲子	Unisex	1101	1005	1146	1255	869	1238	
7	104	瑜珈褲	褲子	Women's	214	347	357	201	321	215	
8	105	男運動褲	褲子	Men's	1067	796	1287	761	1268	831	
9	106	女運動褲	褲子	Women's	931	592	953	517	693	1071	
10	107	緊身褲	褲子	Women's	410	442	193	396	489	295	
11	138	牛仔帽	帽子	Men's	285	202	362	250	204	300	
12	139	遮陽帽	帽子	Women's	333	241	361	205	309	371	
13	140	棒球帽	帽子	Unisex	695	1177	1163	735	1170	1273	
14	202	及膝連身裙	裙子	Women's	995	1109	1034	1126	1007	718	
15	203	迷你裙	裙子	Women's	1255	834	939	778	1196	1107	
16	204	短版連身裙	裙子	Women's	515	1148	539	1123	735	1109	
17	205	裙子	裙子	Women's	659	890	627	1291	620	920	
18	206	裙裝	裙子	Women's	635	589	636	1159	934	698	

上半年銷售　下半年銷售　第三季摘要　年度總銷售量　⊕

工作 2

在"下半年銷售"工作表的儲存格 L3，使用公式計算出 T 恤類別的商品在九月份銷售量超過 1,000 的總數。

解題：

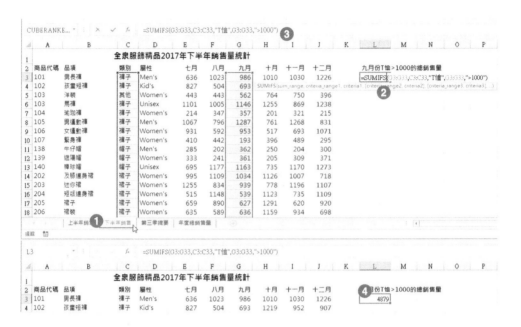

Step.1　點選"下半年銷售"工作表。

Step.2　點選儲存格 L3。

Step.3　輸入公式「=SUMIFS(G3:G33,C3:C33,"T 恤 ",G3:G33,">1000")」。

Step.4　完成公式的輸入並顯示運算結果。

工作 3

在"第三季摘要"工作表的 E 欄，顯示每一種商品類別在七月的最高銷售量。

解題：

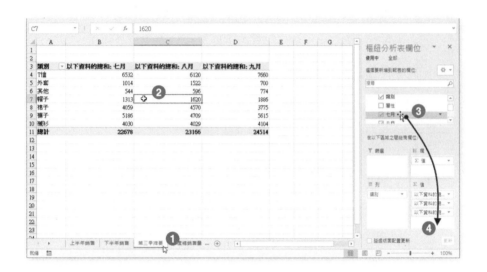

Step.1　點選"第三季摘要"工作表。

Step.2　點選工作表上樞紐分析表裡的任一儲存格。例如：儲存格 C7。

Step.3　點選〔**樞紐分析表欄位**〕窗格裡的「七月」資料欄位。

Step.4　拖放至〔**Σ 值**〕區域裡的最底部成為第四個摘要值欄位。

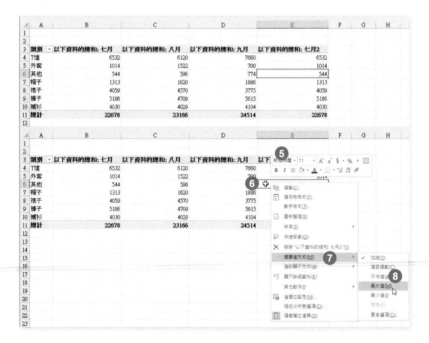

Step.5 在樞紐分析表上建立了第四個摘要值欄位。

Step.6 以滑鼠右鍵點選第四個摘要值欄位裡的任一儲存格，例如：儲存格 E6。

Step.7 從展開的快顯功能表中點選〔**摘要值方式**〕。

Step.8 再從展開的副功能選單中點選〔**最大值**〕選項。

	類別	以下資料的總和: 七月	以下資料的總和: 八月	以下資料的總和: 九月	以下資料的最大值: 七月	
4	T恤	6532	6120	7660	1226	
5	外套	1014	1522	700	534	
6	其他	544	596	774	443	
7	帽子	1313	1620	1886	695	
8	裙子	4059	4570	3775	1255	
9	褲子	5186	4709	5615	1101	
10	襯衫	4030	4029	4104	950	
11	總計	22678	23166	24514	1255	

05

Step.9 在工作表的 E 欄，顯示每一種商品類別在七月的最高銷售量。

工作 4

在 "第三季摘要" 工作表中，每種商品類別底下添增 "品項" 列。

解題：

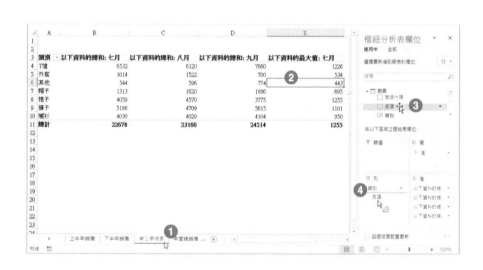

Step.1 點選 "第三季摘要" 工作表。

Step.2 點選樞紐分析表裡的任一儲存格，例如：E6。

Step.3 拖曳「品項」欄位。

Step.4 拖放至〔**列**〕區域裡原先的「類別」欄位底下。

Step.5

每種商品類別底下增加了 "品項" 列。

工作 5

在 "年度總銷售量" 工作表中,建立 一個受密碼保護的範圍,儲存格範圍是 C5:F11,範圍名稱命名為 "年度總銷售量",使用 "12345" 為範圍保護密碼。保護工作表的密碼設定為 "54321"。

解題:

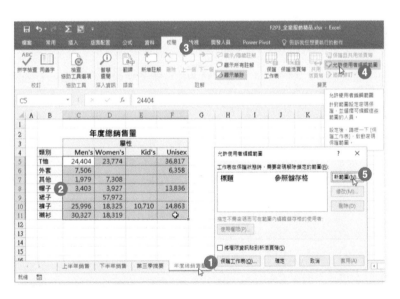

Step.1 點選 "年度總銷售量" 工作表。

Step.2 選取儲存格範圍 C5:F11。

Step.3 點按〔**校閱**〕索引標籤。

Step.4 點按〔**變更**〕群組裡的〔**允許使用者編輯範圍**〕命令按鈕。

Step.5 開啟〔**允許使用者編輯範圍**〕對話方塊,點按〔**新範圍**〕按鈕。

Step.6

開啟〔**新範圍**〕對話方塊，預設的參照儲存格即為先前選取的儲存格範圍 C5:F11，若有需要調整也可以在此重新選取。

Step.7

在標題文字方塊裡輸入名稱「年度總銷售量」。

Step.8

在範圍密碼文字方塊裡輸入密碼。

Step.9 點按〔**確定**〕按鈕。

Step.10

開啟〔**確認密碼**〕對話方塊，再輸入一次相同的密碼以確認。

Step.11 點按〔**確定**〕按鈕。

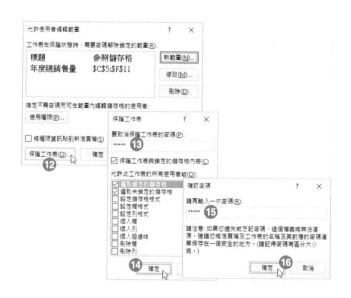

Step.12 回到〔**允許使用者編輯範圍**〕對話方塊，點按〔**保護工作表**〕按鈕。

Step.13 開啟〔**保護工作表**〕對話方塊，輸入保護工作表密碼。

Step.14 然後，點按〔**確定**〕按鈕。

Step.15 開啟〔**確認密碼**〕對話方塊，再輸入一次相同的密碼以確認。

Step.16 點按〔**確定**〕按鈕。

專案 4

說明：

你正在準備一個活頁簿，可應用於視訊製作過程中追蹤專案企劃的各種不同資料，以及各種資訊、薪資計算等管理。

工作 1

在功能區裡顯示〔**開發人員**〕索引標籤。

解題：

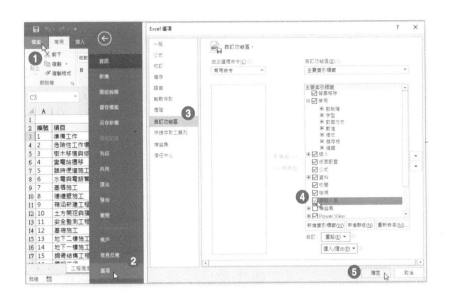

Step.1　點按〔**檔案**〕索引標籤。

Step.2　進入後台管理頁面，點按〔**選項**〕選項。

Step.3　開啟〔Excel **選項**〕對話方塊，點按〔**自訂功能區**〕選項。

Step.4　勾選〔**開發人員**〕核取方塊。

Step.5　點按〔**確定**〕按鈕。

畫面上方功能區裡立即包含了〔**開發人員**〕索引標籤。

工作 2

在"工程進度"工作表的儲存格 C3,建立一個公式但僅能使用一個函數,顯示出在"工作團隊"工作表裡其職稱為"現場規劃工程師"的姓名。

解題:

Step.1 　點選"工程進度"工作表。

Step.2 　點選儲存格 C3,並在此輸入函數「=VLOOKUP(" 現場規劃工程師 ", 」。

Step.3 　接著點按"工作團隊"工作表索引標籤,讓剛剛輸入到一半的 VLOOKUP 函數可以參照到此工作表。

Step.4 選取 "工作團隊" 工作表裡的儲存格範圍 A2:B20。

Step.5 選取的範圍立即呈現在目前正處於輸入中的 VLOOKUP 函數之後，此時，按下鍵盤上的功能鍵 F4 將剛剛參照的範圍設定為絕對位址。

Step.6 繼續輸入「,2,」延續 VLOOKUP 函數的輸入。

Step.7 從自動展開的 VLOOKUP 函數其最後一個參數選項中點選「FALSE – 完全符合」。

Step.8 最後輸入右括號與 Enter 按鍵以結束 VLOOKUP 函數的輸入。完整的 VLOOKUP 函數為 =VLOOKUP(" 現場規劃工程師 ", 工作團隊 !$A$2:$B$20,2,FALSE)。

Step.9 透過 VLOOKUP 函數查詢到此範例的 " 現場規劃工程師 " 為「廖晟諺」。

工作 3

在"週薪支付表"工作表中，顯示所有直接或間接參照到儲存格 **B2** 內容的公式儲存格。

解題：

Step.1　點選"週薪支付表"工作表。

Step.2　點選儲存格 B2。

Step.3　點按〔**公式**〕索引標籤。

Step.4　點按〔**公式稽核**〕群組裡的〔**追蹤從屬參照**〕命令按鈕。

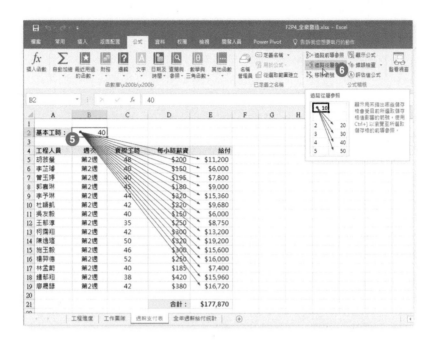

Step.5 立即顯示含有箭頭指向的參照線條，表示儲存格 B4 影響了哪些儲存格。

Step.6 再次點按〔**公式稽核**〕群組裡的〔**追蹤從屬參照**〕命令按鈕。

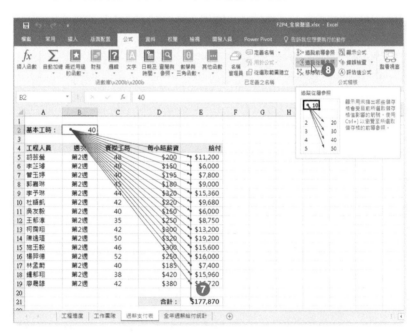

Step.7 繼續顯示含有箭頭指向的參照線條。

Step.8 持續點按〔**公式稽核**〕群組裡的〔**追蹤從屬參照**〕命令按鈕，直到沒有新的箭頭指向參照線條為止。

工作 4

針對"全年週薪給付統計"工作表裡的統計圖表，增加一條移動平均趨勢線。

解題：

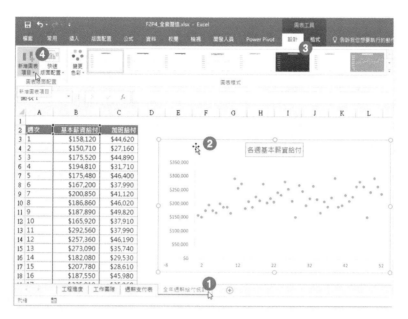

Step.1 點選"全年週薪給付統計"工作表。

Step.2 點選工作表上的統計圖表。

Step.3 點按〔圖表工具〕底下的〔設計〕索引標籤。

Step.4 點按〔圖表版面配置〕群組裡的〔新增圖表項目〕命令按鈕。

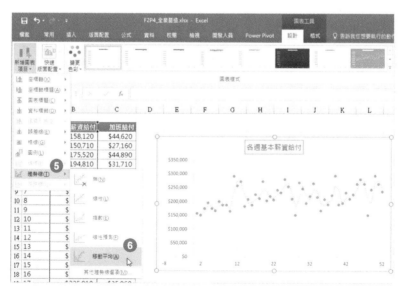

Step.5 從展開的功能選單中點選〔趨勢線〕。

Step.6 再從展開的趨勢線副選單中點選〔移動平均〕功能選項。

工作 5

在 "全年週薪給付統計" 工作表中，將儲存格範圍 A3:C15 命名為 "第 1 季"。 建立屬於活頁簿範圍的範圍名稱。

解題：

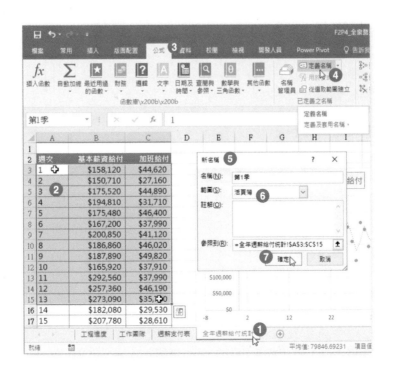

Step.1　點選 "全年週薪給付統計" 工作表。

Step.2　選取儲存格範圍 A3:C15。

Step.3　點按〔公式〕索引標籤。

Step.4　點按〔已定義之名稱〕群組裡的〔定義名稱〕命令按鈕。

Step.5　開啟〔新名稱〕對話方塊，輸入新名稱為「第 1 季」。

Step.6　選擇此範圍的類型為〔活頁簿〕類型。

Step.7　點按〔確定〕按鈕。

專案 1

說明：

您是全泉出版社的業務經理，正在建立一個 Excel 活頁簿，可提供業績成長分析與新書發展趨勢分析的會議運用。

工作 1

在 "銷售分析" 工作表上，格式化 E 欄與 F 欄，以百分比符號 3 位小數顯示。格式設定應套用在既有與新增的資料列上。

解題：

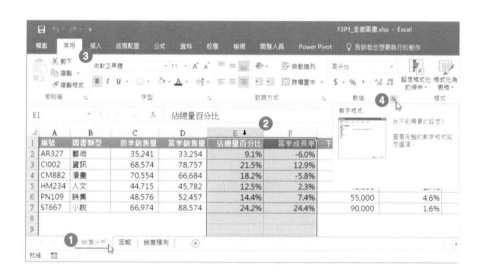

Step.1 點選 "銷售分析" 工作表。

Step.2 點選整個 E 欄與 F 欄。

Step.3 點按〔**常用**〕索引標籤。

Step.4 點按〔**數值**〕群組旁的數字格式對話方塊啟動器按鈕。

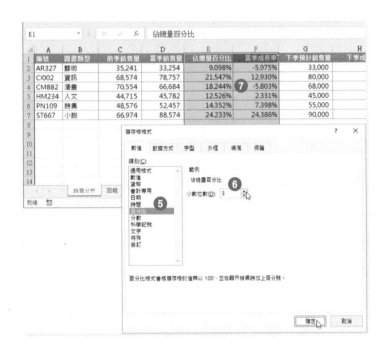

Step.5 開啟〔**儲存格格式**〕對話方塊並自動切換到〔**數值**〕索引頁籤,點選〔**百分比**〕類別。

Step.6 輸入小數位數為「3」,然後按下〔**確定**〕按鈕。

Step.7 完成自訂百分比格式的顯示設定。

工作 2

在 "銷售預測" 工作表上,若全年所有月份新書預估量之平均值小於 25,則將儲存格範圍 A3:A8 填滿 黃色 圖樣色彩以及 25% 灰色 的圖樣樣式。

解題:

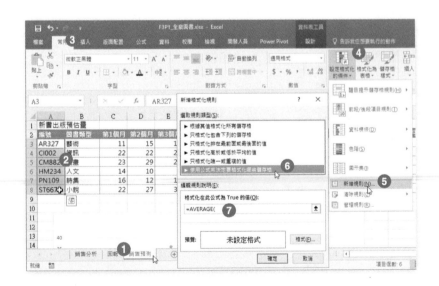

Step.1 點選〝銷售預測〞工作表。

Step.2 選取儲存格範圍 A3:A8。

Step.3 點按〔**常用**〕索引標籤。

Step.4 點按〔**樣式**〕群組裡的〔**設定格式化的條件**〕命令按鈕。

Step.5 從展開的功能選單中點選〔**新增規則**〕功能選項。

Step.6 開啟〔**新增格式化規則**〕對話方塊,點選規則類型為〔**使用公式來決定要格式化哪些儲存格**〕選項。

Step.7 在編輯規則說明裡,「格式化在此公式為 True 的值」下方的文字方塊內鍵入公式「=AVERAGE(」。

Step.8 點選〝銷售預測〞工作表裡的儲存格範圍 C3:N3。

Step.9 選取的儲存格範圍位址將立即標示在 AVERAGE 函數裡,形成「=AVERAGE($C$3:$N$3」。

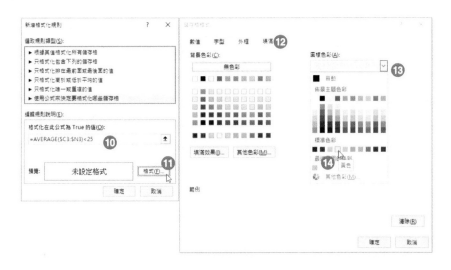

Step.10 調整函數裡絕對位址的參照方式，並繼續輸入此函數的比對條件，完成以下的公式：「=AVERAGE($C3:$N3)<25」。

Step.11 點按〔**格式**〕按鈕。

Step.12 開啟〔**儲存格格式**〕對話方塊，並點選〔**填滿**〕索引頁籤。

Step.13 點按圖樣色彩選項按鈕。

Step.14 從展開的色盤選項中點選〔**黃色**〕。

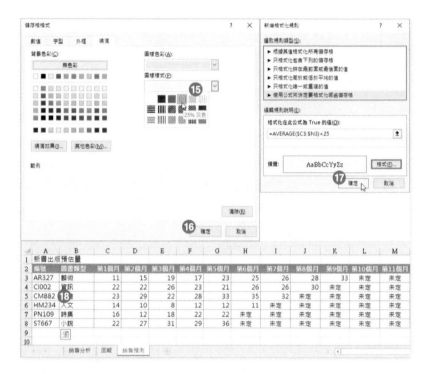

Step.15 點選圖樣樣式為〔**25% 灰色**〕。

Step.16 點按〔**確定**〕按鈕。

Step.17 回到〔**新增格式化規則**〕對話方塊，點按〔**確定**〕按鈕。

Step.18 完成格式化條件的設定。

工作 3

在 "回報" 工作表上，透過查詢操作將儲存在文件資料夾裡的「F3P1_ 銷售資料 .xlsx」活頁簿裡的〔**銷售報表**〕資料，載入到儲存格 A1 開始的位置，並僅載入 "日期"、"圖書類型"、"銷售地區"、"分店"、以及 "收入" 等五個欄位資料。

解題：

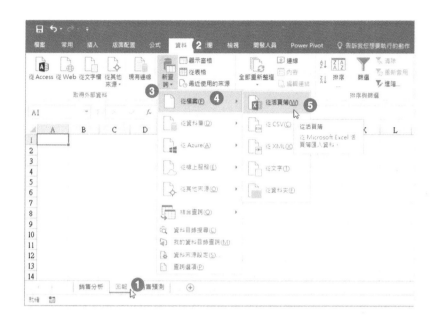

Step.1 點選 "回報" 工作表。

Step.2 點按〔**資料**〕索引標籤。

Step.3 點按〔**取得及轉換**〕群組裡的〔**新查詢**〕命令按鈕。

Step.4 從展開的下拉式功能選單中點選〔**從檔案**〕選項。

Step.5 再從展開的副選單中點選〔**從活頁簿**〕選項。

Step.6 開啟〔匯入資料〕對話方塊，點選文件資料夾裡的「F3P1_ 銷售資料 .xlsx」活頁
簿檔案。

Step.7 點按〔匯入〕按鈕。

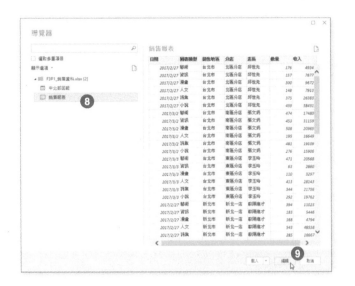

Step.8 開啟〔**導覽器**〕對話方塊，點選「F3P1_ 銷售資料 .xlsx」活頁簿裡的〔**銷售報表**〕資料。

Step.9 點按〔**編輯**〕按鈕。

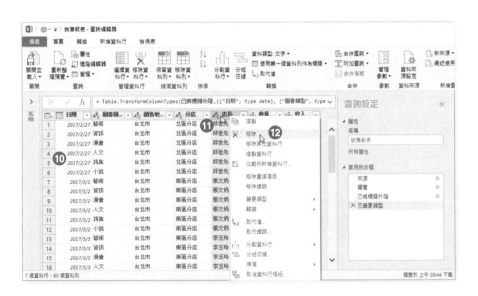

Step.10 開啟〔**查詢編輯器**〕視窗並開啟〔**銷售報表**〕資料來源。

Step.11 以滑鼠右鍵點按〔**店長**〕欄位名稱。

Step.12 從展開的快顯功能表中點選〔**移除**〕功能選項。

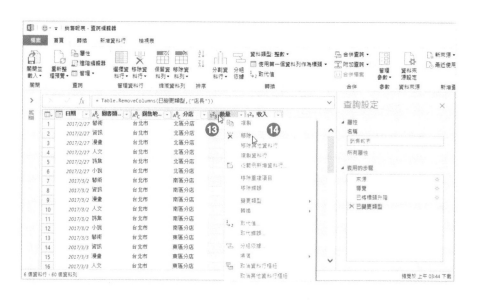

Step.13 再以滑鼠右鍵點按〔**數量**〕欄位名稱。

Step.14 從展開的快顯功能表中點選〔**移除**〕功能選項。

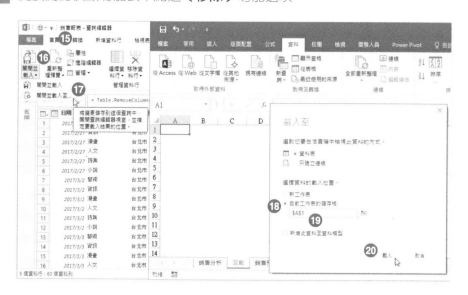

Step.15 點按〔**查詢編輯器**〕視窗裡的〔**首頁**〕索引標籤。

Step.16 點按〔**關閉**〕群組裡的〔**關閉並載入**〕命令按鈕。

Step.17 從展開的功能選單中點選〔**關閉並載入至**〕功能選項。

Step.18 開啟〔**載入至**〕對話方塊，點選目前工作表的儲存格選項。

Step.19 點選或輸入儲存格位址 A1。

Step.20 點按〔**載入**〕按鈕。

完成匯入「F3P1_銷售資料.xlsx」至 "回報" 工作表上：

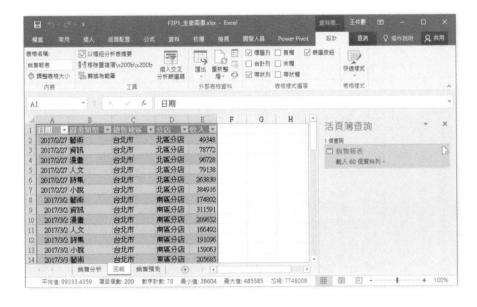

工作 4

在 "銷售分析" 工作表上，使用 Excel 假設分析的預測特性，計算編號「C1002」「圖書類型」為「資訊」的 "下季預計銷售量" 必須達到多少才能導致 "下季成長目標" 為 20%。

解題：

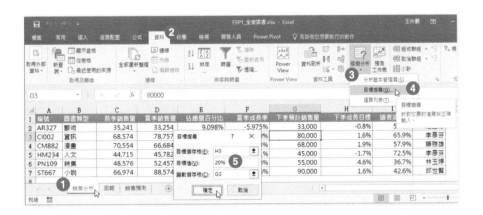

Step.1　點選 "銷售分析" 工作表。

Step.2　點按〔**資料**〕索引標籤。

Step.3　點按〔**預測**〕群組裡的〔**模擬分析**〕命令按鈕。

Step.4　從展開的功能選單中點選〔**目標搜尋**〕功能選項。

Step.5　開啟〔**目標搜尋**〕對話方塊，設定目標儲存格為「H3」；輸入目標值為「20%」；選擇變數儲存格為「G3」，最後點按〔**確定**〕按鈕。

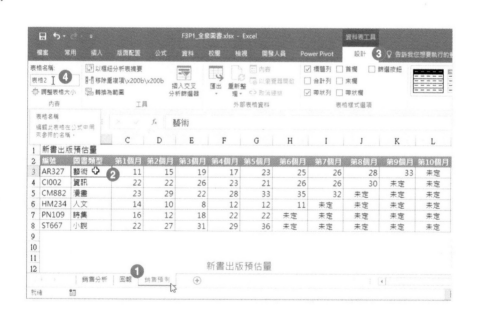

Step.6 開啟〔**目標搜尋狀態**〕對話方塊，顯示目標搜尋結果，點按〔**確定**〕按鈕。

工作 5

在 "銷售預測" 工作表上，將原本名為 "表格 2" 的表格名稱，變更為 "新書每月預估量"。

解題：

Step.1 點選 "銷售預測" 工作表。

Step.2 點選資料表範圍裡的任一儲存格，例如：B3。

Step.3 點按〔**資料表工具**〕底下的〔**設計**〕索引標籤。

Step.4 點按〔**內容**〕群組裡的〔**表格名稱**〕文字方塊。

Step.5 預設的資料表名稱為「表格 2」，選取並刪除既有的舊名稱。

Step.6 直接在〔**表格名稱**〕文字方塊裡輸入新的資料表名稱「新書每月預估量」。

工作 6

在 "銷售預測" 工作表上，針對圖表新增一個線性趨勢線，可預測編號為 HM234 的新書出版預估量至第 12 個月。

解題：

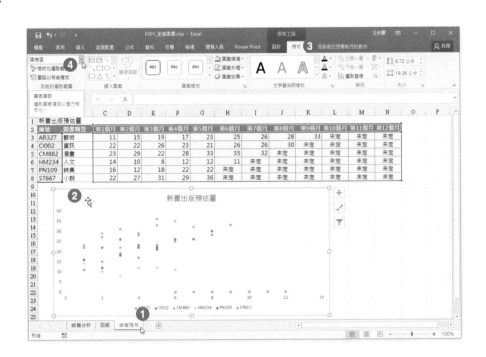

Step.1 點選 "銷售預測" 工作表。

Step.2 點選工作表上的統計圖表。

Step.3 點按〔**圖表工具**〕底下的〔**格式**〕索引標籤。

Step.4 點按〔**目前的選取範圍**〕群組裡的〔**圖表項目**〕下拉式選項按鈕。

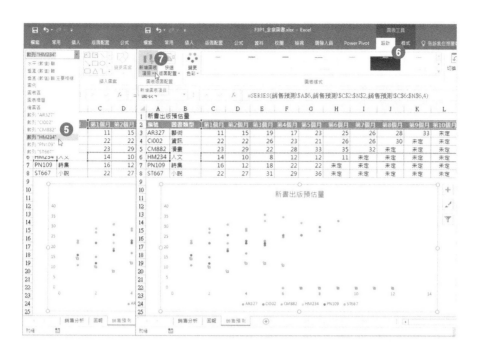

Step.5 從展開的圖表項目選單中點選〔HM234〕。

Step.6 點按〔圖表工具〕底下的〔設計〕索引標籤。

Step.7 點按〔圖表版面配置〕群組裡的〔新增圖表項目〕命令按鈕。

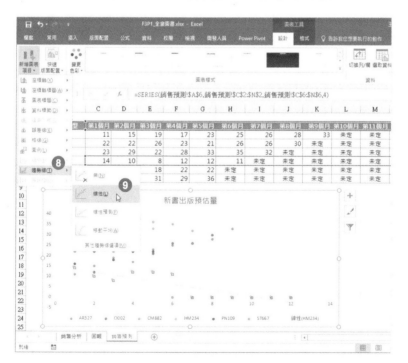

Step.8 從展開的功能選單中點選〔趨勢線〕。

Step.9 再從展開的趨勢線副選單中點選〔線性〕功能選項。

專案 2

說明：

您是全泉旅行社總公司的產品經理，正在針對亞洲團與美洲團各年齡層客戶的出團人數統計進行分析，因此，決定使用 Excel 活頁簿進行各項數據的追蹤與分析。

工作 1

修改"年輕族群分析結果"工作表上的統計圖表，使其僅顯示「美洲團」裡每一位領隊逐月的資料。

解題：

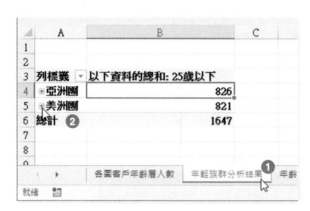

Step.1

點選"年輕族群分析結果"工作表。

Step.2

點按工作表上樞紐分析表列標籤底下「美洲團」左側的展開按鈕（加號）。

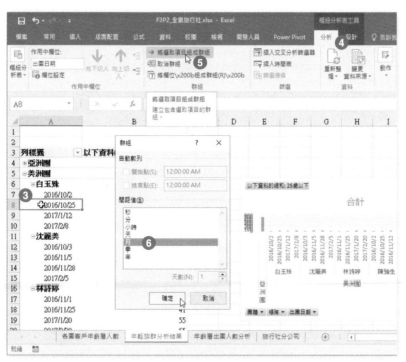

Step.3 點選展開後 A 欄裡的任一日期列標籤，例如儲存格 A8。

Step.4 點按〔樞紐分析表工具〕底下的〔分析〕索引標籤。

Step.5 點按〔群組〕群組裡的〔將選取項目組成群組〕命令按鈕。

Step.6 開啟〔群組〕對話方塊，僅點選「月」選項，然後點按〔確定〕按鈕。

Step.7 點按列標籤的篩選按鈕（儲存格 A3 右側的倒三角形按鈕）。

Step.8 從展開的功能選單中，取消〔亞洲團〕核取方塊的勾選。

Step.9 點按〔確定〕按鈕。

完成樞紐分析圖的調整，顯示「美洲團」裡每一位領隊每一個月份的統計資料。

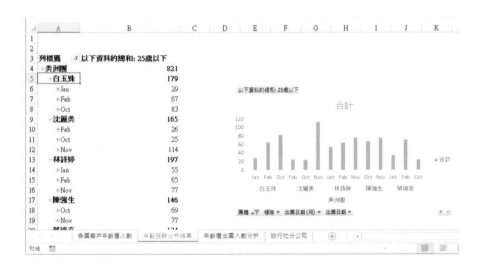

工作 2

在 "年齡層出團人數分析" 工作表上新增一個交叉分析篩選器，可以讓使用者以互動的方式，藉由選擇特定的「領隊」來限制樞紐分析表裡資料列的顯示。

解題：

Step.1　點選 "年齡層出團人數分析" 工作表。

Step.2　點選工作表上樞紐分析表裡的任一儲存格。例如：儲存格 A9。

Step.3　點按〔**樞紐分析表工具**〕底下的〔**分析**〕索引標籤。

Step.4　點按〔**篩選**〕群組裡的〔**插入交叉分析篩選器**〕命令按鈕。

Step.5　開啟〔**插入交叉分析篩選器**〕對話方塊，勾選〔**領隊**〕核取方塊，然後，點按〔**確定**〕按鈕。

在工作表上立即產生名為〔**領隊**〕的交叉分析篩選器（按鈕面板）。

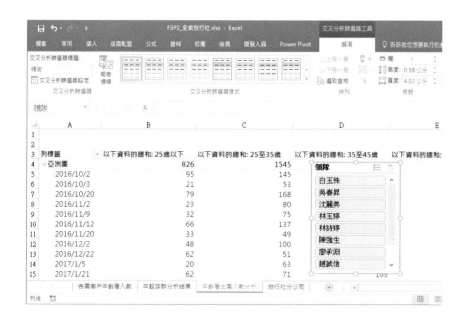

工作 3

在"年齡層出團人數分析"工作表上，移除樞紐分析表的總計列。

解題：

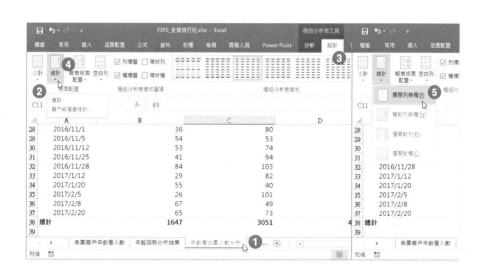

Step.1 點選"年齡層出團人數分析"工作表。

Step.2 點選工作表上樞紐分析表裡的任一儲存格。例如：目前作用儲存格位於 C11。

Step.3 點按〔樞紐分析表工具〕底下的〔設計〕索引標籤。

Step.4 點按〔版面配置〕群組裡的〔總計〕命令按鈕。

Step.5 從展開的功能選單中點選〔關閉列與欄〕功能選項。

在樞紐分析表底部已經看不到總計列了：

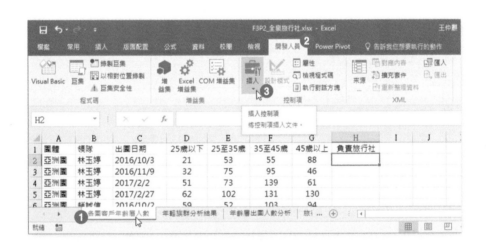

工作 4

在 "各團客戶年齡層人數" 工作表上插入一個可以連結至儲存格 H2 的下拉式方塊控制項，此控制項應顯示來自 "旅行社分公司" 工作表 A 欄裡的四家旅行社分公司名稱。

解題：

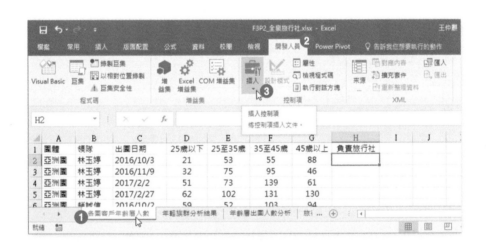

Step.1　點選 "各團客戶年齡層人數" 工作表。

Step.2　點按〔**開發人員**〕索引標籤。

Step.3　點按〔**控制項**〕群組裡的〔**插入**〕命令按鈕。

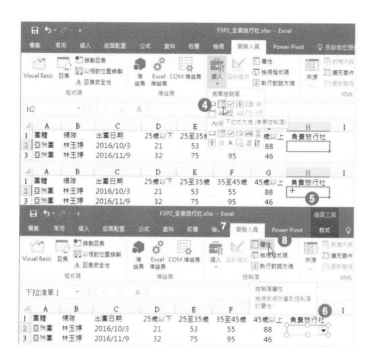

Step.4 從展開的下拉式功能選單中點選〔**下拉式方塊（表單控制項）**〕選項。

Step.5 滑鼠游標移至工作表上拖曳此下拉式方塊的大小。

Step.6 拖曳一個長方形的下拉式方塊矩形控制項按鈕。

Step.7 選取下拉式方塊控制項後點按〔**開發人員**〕索引標籤。

Step.8 點按〔**屬性**〕命令按鈕。

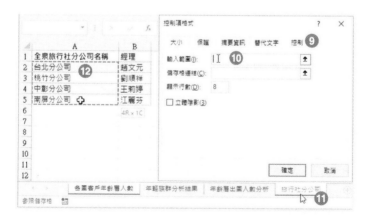

Step.9 開啟〔**控制項格式**〕對話方塊，點按〔**控制**〕索引頁籤。

Step.10 點按〔**輸入範圍**〕文字方塊。

Step.11 點按 "旅行社分公司" 工作表。

Step.12 畫面切換到 "旅行社分公司" 工作表，選取儲存格範圍 A2:A5。

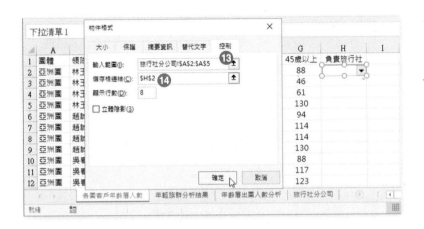

Step.13 〔**控制項格式**〕對話方塊〔**控制**〕索引頁籤裡的〔**輸入範圍**〕文字方塊裡已經順利參照到 "旅行社分公司" 工作表的儲存格範圍 A2:A5。

Step.14 在儲存格連結文字方塊裡輸入「$H$2」，然後，點按〔**確定**〕按鈕。

完成下拉式表單控制項的屬性設定後，點按此下拉式選單控制項按鈕，即可展開選項清單的挑選。

工作 5

在 "各團客戶年齡層人數" 工作表的 F 欄套用設定格式化的條件，使得當數值大於或等於 130 時，顯示綠色勾選圖示；當數值大於或等於 100 且低於 130 時，顯示黃色驚嘆號圖示；當數值低於 100 時，則顯示紅色叉叉圖示。格式設定應套用在 F 欄裡新增或既有的資料列上。

解題：

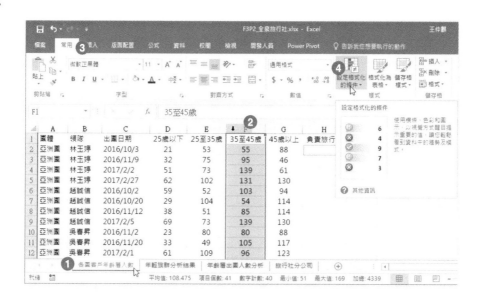

Step.1 點選 "各團客戶年齡層人數" 工作表。

Step.2 選取整個 F 欄。

Step.3 點按〔常用〕索引標籤。

Step.4 點按〔樣式〕群組裡的〔設定格式化的條件〕命令按鈕。

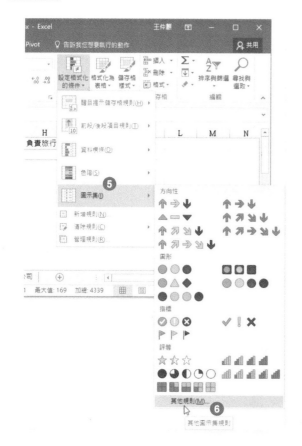

Step.5
從展開的功能選單中點選〔圖示集〕功能選項。

Step.6
再從展開的副功能選單中點選〔其他規則〕選項。

開啟〔**新增格式化規則**〕對話方塊，
選擇圖示集為〔**三符號（圓框）**〕選項。

完成 F 欄位的格式化設定：

Step.8 針對綠色勾選圓框符號選擇〔**數值**〕類型，輸入值為「130」。

Step.9 針對黃色驚嘆號圓框符號選擇〔**數值**〕類型，輸入值為「100」。

Step.10 點按〔**確定**〕按鈕。

說明：

您是 YOTA 海洋郵輪公司的經理，正在準備使用 Excel 活頁簿建置一個可以試算會員參加行程的費用報價系統。

工作 1

使用公式 "首位旅客費用費用" +（參加人數 - 1）* "第 2 人以後每人費用" 來計算 "合計費用"。其中，"首位旅客費用" 與 "第 2 人以後每人費用" 的數值資訊皆記錄在 "艙等費用表" 工作表裡。在 "費用計算表" 工作表的儲存格 .B7 限定使用 INDEX 函數新增一個公式，以取得 "首位旅客費用費用" 與 "第 2 人以後每人費用" 的數值並計算出 "合計費用"。

解題：

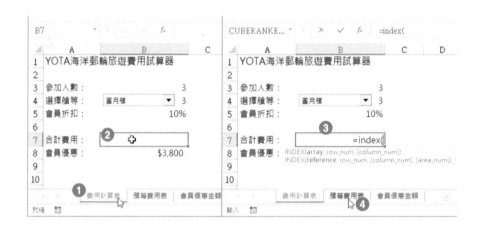

Step.1 點選 "費用計算表" 工作表。

Step.2 點選儲存格 B7。

Step.3 輸入函數「=index(」。

Step.4 點按〔**艙等費用表**〕工作表索引標籤。

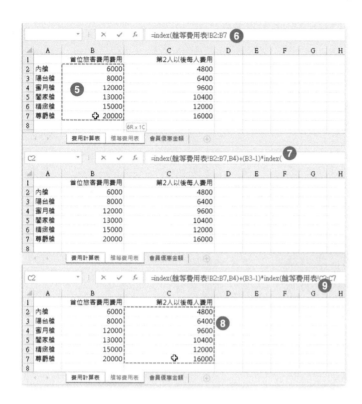

Step.5

選取〔**艙等費用表**〕工作表的儲存格範圍 B2:B7。

Step.6

index 函數立即包含了參照的範圍位址：艙等費用表 !B2:B7。

Step.7

繼續完成後續的公式，形成函數 =index(艙等費用表 !B2:B7,B4)+(B3-1)*index(。

Step.8

選取〔**艙等費用表**〕工作表的儲存格範圍 C2:C7。

Step.9

index 函數立即包含了參照的範圍位址：艙等費用表 !C2:C7。

Step.10 繼續輸入後續參數，完成 =index (艙等費用表 !B2:B7,B4)+(B3-1)*INDEX(艙等費用表 !C2:C7,B4)。

Step.11 完成公式輸入後，顯示 index 運算結果。

工作 2

以密碼 "myP@ssword" 進行活頁簿的保護，讓使用者無法新增、刪除或編輯工作表，除非使用者輸入了正確的密碼。

解題：

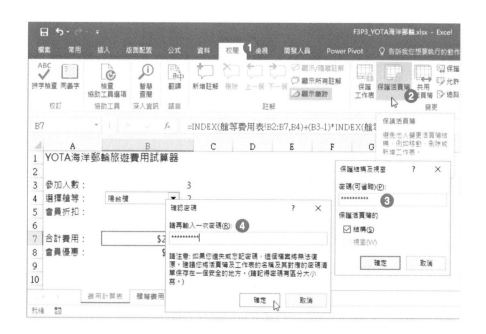

Step.1 點按〔**校閱**〕索引標籤。

Step.2 點按〔**變更**〕群組裡的〔**保護活頁簿**〕命令按鈕。

Step.3 開啟〔**保護結構及視窗**〕對話方塊，輸入密碼「myP@ssword」，然後，點按〔**確定**〕按鈕。

Step.4 開啟〔**確定密碼**〕對話方塊，再次輸入相同的密碼「myP@ssword」以確認密碼無誤，然後，點按〔**確定**〕按鈕。

工作 3

僅啟用經過數位簽章的巨集。

解題：

Step.1　點按〔**檔案**〕索引標籤。

Step.2　進入後台管理頁面，點按〔**選項**〕選項。

Step.3　開啟〔Excel **選項**〕對話方塊，點按〔**信任中心**〕選項。

Step.4　點按〔**信任中心設定**〕按鈕。

Step.5
開啟〔**信任中心**〕對話方塊，點按〔**巨集設定**〕選項。

Step.6
點選〔**除了經數位簽章的巨集外，停用所有巨集**〕選項。

Step.7
點按〔**確定**〕按鈕。

Step.8
回到〔Excel **選項**〕對話方塊，點按〔**確定**〕選項。

工作 4

在 "費用計算表" 工作表，對儲存格 B8 增加監看視窗。

解題：

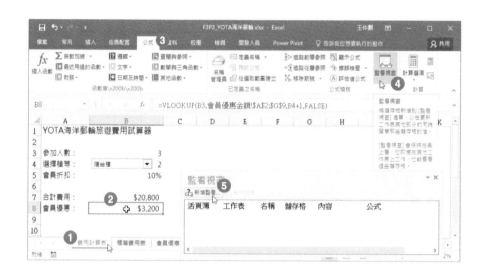

Step.1 點選 "費用計算表" 工作表。

Step.2 點選儲存格 B8。

Step.3 點按〔公式〕索引標籤。

Step.4 點按〔公式稽核〕群組裡的〔監看視窗〕命令按鈕。

Step.5 開啟〔監看視窗〕對話方塊，點按〔新增監看〕按鈕。

Step.6 開啟〔新增監看式〕對話方塊，剛剛選取的儲存格位址若有調整的必要，可以在此進行修改或選取。

Step.7 點按〔新增〕按鈕。

Step.8 回到〔監看視窗〕對話方塊，可以到已新增的儲存格位址之監看式資料。

工作 5

在 "費率計算表" 工作表中,將儲存格 B5 命名為 "會員折扣"。 建立屬於活頁簿範圍的範圍名稱。

解題:

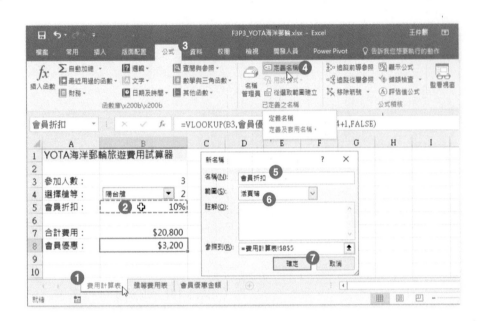

Step.1 點選 "費用計算表" 工作表。

Step.2 選取儲存格 B5。

Step.3 點按〔**公式**〕索引標籤。

Step.4 點按〔**已定義之名稱**〕群組裡的〔**定義名稱**〕命令按鈕。

Step.5 開啟〔**新名稱**〕對話方塊,輸入新名稱為「會員折扣」。

Step.6 選擇此範圍的類型為〔**活頁簿**〕類型。

Step.7 點按〔**確定**〕按鈕。

專案 4

說明：

您服務於 TOTA Mobile 公司，正在使用 Excel 建立一個可以運算並分析各種客戶電信用量的分析與試算。

工作 1

在 "4.5G 客戶本期傳輸量" 工作表的 G 欄位建立一個公式，當客戶本期使用量超過其簽約類型的使用傳輸量限制時，顯示 TRUE 否則顯示 FALSE。您必須在公式中使用 AND 與 OR 函數。

解題：

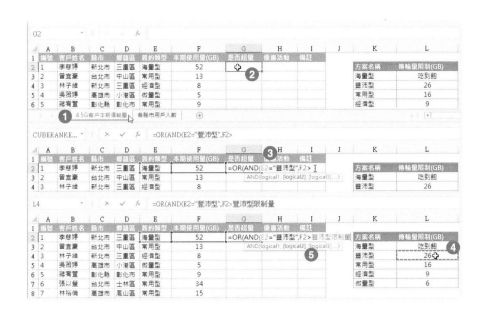

Step.1 　點選 "4.5G 客戶本期傳輸量" 工作表。

Step.2 　選取儲存格 G2。

Step.3 　輸入公式 =OR(AND(E2= "豐沛型 ",F2>。

Step.4 　點選儲存格 L4，這是一個已經事先命名過的儲存格，範圍名稱為「豐沛型限制量」。

Step.5 　公式中立即參照到儲存格 L4 的名稱。

CUBERANKE... | × ✓ *fx* | =OR(AND(E2="豐沛型",F2>豐沛型限制量),AND(E2="常用型",F2>常用型限制量),AND(E2="經濟型",F2>經濟型限制量),
AND(E2="微量型",F2>微量型限制量))

	A	B	C	D	E	F	G	H	I	J	K	L	M	N
1	編號	客戶姓名	縣市	鄉鎮區	簽約類型	本期使用量(GB)	是否超量	優惠活動	備註		⑥			
2	1	李慈婷	新北市	三重區	海量型	52	=OR(AND(E2="豐沛型",F2>豐沛型限制量),AND(E2="常用型",F2>常用型限制量),AND(E2="經濟					
3	2	曾宣豪	台北市	中山區	常用型	13	型",F2>經濟型限制量),AND(E2="微量型",F2>微量型限制量))					
4	3	林子維	新北市	三重區	經濟型	8					豐沛型	26		
5	4	吳薇婷	高雄市	小港區	微量型	5					常用型	16		
6	5	褚宥萱	彰化縣	彰化市	常用型	9					經濟型	9		
7	6	張以叡	台北市	士林區	常用型	34					微量型	6		
8	7	林裕倫	高雄市	鳳山區	常用型	15								

	A	B	C	D	E	F	G	H	I	J	K	L	M	N
1	編號	客戶姓名	縣市	鄉鎮區	簽約類型	本期使用量(GB)	是否超量	優惠活動	備註					
2	1	李慈婷	新北市	三重區	海量型	52	FALSE				方案名稱	傳輸量限制(GB)		
3	2	曾宣豪	台北市	中山區	常用型	13	+ ⑦				海量型	吃到飽		
4	3	林子維	新北市	三重區	經濟型	8					豐沛型	26		
5	4	吳薇婷	高雄市	小港區	微量型	5					常用型	16		
6	5	褚宥萱	彰化縣	彰化市	常用型	9					經濟型	9		
7	6	張以叡	台北市	士林區	常用型	34					微量型	6		

	A	B	C	D	E	F	G	H	I	J	K	L	M	N
1	編號	客戶姓名	縣市	鄉鎮區	簽約類型	本期使用量(GB)	是否超量	優惠活動	備註					
2	1	李慈婷	新北市	三重區	海量型	52	FALSE				方案名稱	傳輸量限制(GB)		
3	2	曾宣豪	台北市	中山區	常用型	13	FALSE				海量型	吃到飽		
4	3	林子維	新北市	三重區	經濟型	8	FALSE				豐沛型	26		
5	4	吳薇婷	高雄市	小港區	微量型	5	FALSE				常用型	16		
6	5	褚宥萱	彰化縣	彰化市	常用型	9	FALSE				經濟型	9		
7	6	張以叡	台北市	士林區	常用型	34	TRUE				微量型	6		
8	7	林裕倫	高雄市	鳳山區	常用型	15	FALSE							
9	8	林秉宣	新北市	新店區	微量型	4	FALSE							
10	9	謝佳遠	彰化縣	彰化市	常用型	17	TRUE				新北市海量型本期使用量之平均值			
11	10	鄭漢汝	高雄市	鳳山區	微量型	12	TRUE	⑧						
12	11	陳蕃婷	台中市	北區	常用型	5	FALSE							

4.5G客戶本期傳輸量 | 各縣市用戶人數 | ⊕

Step.6 繼續完成後續的公式輸入與儲存格參照，完成整個公式：=OR(AND(E2=" 豐沛型 ",F2> 豐沛型限制量),AND(E2=" 常用型 ",F2> 常用型限制量),AND(E2=" 經濟型 ",F2> 經濟型限制量),AND(E2=" 微量型 ",F2> 微量型限制量))

Step.7 完成儲存格 G2 的公式輸入後，將滑鼠指標停在此儲存格右下角的填滿控點（滑鼠指標呈小十字形）上。

Step.8 往下拖曳將公式填滿至最後一格。

工作 2

在 "4.5G 客戶本期傳輸量" 工作表的儲存格 K11 使用條件式平均函數,計算縣市為 "新北市" 且簽約類型為 "海量型" 之客戶,本期使用傳輸量的平均值。

解題:

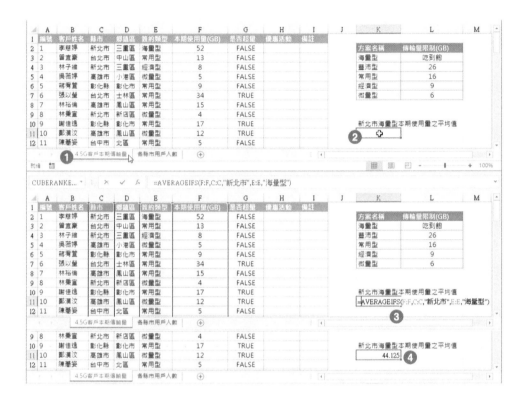

Step.1　點選 "4.5G 客戶本期傳輸量" 工作表。

Step.2　選取儲存格 K11。

Step.3　輸入公式 =AVERAGEIFS(F:F,C:C," 新北市 ",E:E," 海量型 ")。

Step.4　完成公式的輸入並顯示公式執行的結果。

工作 3

在 "4.5G 客戶本期傳輸量" 工作表的 H 欄位建立一個公式，對於隸屬於 "海量型" 等級或 "豐沛型" 等級且位於新北市的客戶，顯示 "方案 1" 否則顯示 "方案 2"。

解題：

Step.1 點選 "4.5G 客戶本期傳輸量" 工作表。

Step.2 選取儲存格 H2。

Step.3 輸入公式 =IF(AND(OR(E2=" 海量型 ",E2=" 豐沛型 "),C2=" 新北市 ")," 方案 1"," 方案 2")。

Step.4 完成儲存格 H2 的公式輸入後，將滑鼠指標停在此儲存格右下角的填滿控點（滑鼠指標呈小十字形）上。

Step.5 往下拖曳將公式填滿至最後一格。

工作 4

此活頁簿的樞紐分析表已經被加入資料模型中，在"各縣市用戶人數"工作表的儲存格 F4 使用 GETPIVOTDATA 計算出"新北市"地區簽約類型為"豐沛型"等級的訂戶人數。

解題：

Step.1 點選"各縣市用戶人數"工作表。

Step.2 點按樞紐分析表 A 欄位列標籤裡新北市左側的展開按鈕（加號）。

Step.3 順利展開新北市群組裡的每一種客戶等級的摘要值。

Step.4 點選儲存格 F4，然後鍵入等號「=」。

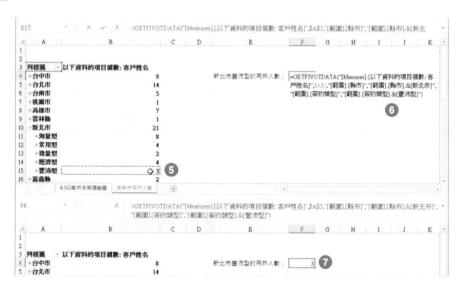

Step.5 點選樞紐分析表裡新北市群組底下「豐沛型」客戶等級的摘要值。此例為儲存格 B15。

Step.6 在儲存格 F4 裡立即參照到 GETPIVOTDATA 函數。

Step.7 可以取得樞紐分析表裡新北市群組之「豐沛型」客戶等級的摘要值。

工作 5

在"各縣市用戶人數"工作表,建立一個圖表類型為群組直條圖的樞紐分析圖,以顯示每一個縣市"海量型"和"豐沛型"用量的訂戶人數。

解題:

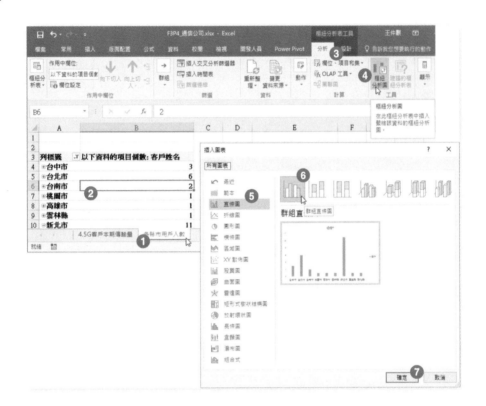

Step.1 點選"各縣市用戶人數"工作表。

Step.2 點選樞紐分析表裡的任一儲存格。例如:儲存格 B6。

Step.3 點按〔**樞紐分析表工具**〕底下的〔**分析**〕索引標籤。

Step.4 點按〔**工具**〕群組裡的〔**樞紐分析圖**〕命令按鈕。

Step.5 開啟〔**插入圖表**〕對話方塊,點選〔**直條圖**〕選項。

Step.6 點選〔**群組條圖**〕圖表類型。

Step.7 點按〔**確定**〕按鈕。

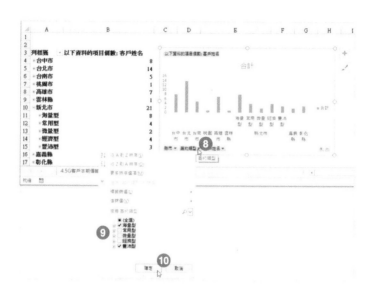

Step.8 點按樞紐分析圖左下角的〔**簽約類型**〕篩選按鈕。

Step.9 展開篩選清單後，僅勾選「海量型」與「豐沛型」。

Step.10 點按〔**確定**〕按鈕。

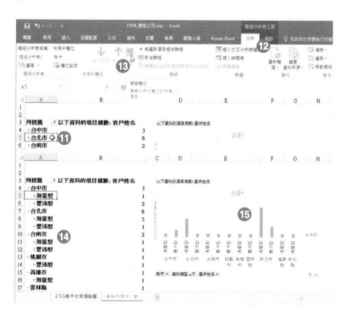

Step.11 點按樞紐分析表上列標籤裡的某一縣市。例如「台北市」（儲存格 A5 ）。

Step.12 點按〔**樞紐分析表工具**〕底下的〔**分析**〕索引標籤。

Step.13 點按〔**作用中欄位**〕群組裡的〔**展開欄位**〕命令按鈕。

Step.14 樞紐分析表上立即顯示每一縣市「海量型」與「豐沛型」的摘要報表。

Step.15 樞紐分析圖也同步僅顯示每一縣市「海量型」與「豐沛型」的摘要圖表。

5-4　第四組

專案 1

說明：

在過去的一年您一直在運動經紀公司服務，擔任企劃經理的工作，您正在檢視所有您曾經歷過的種種體育活動與商品銷售的資料。

工作 1

在 "成本分析圖" 工作表上，新增 "球場" 欄位來篩選 樞紐分析圖。

解題：

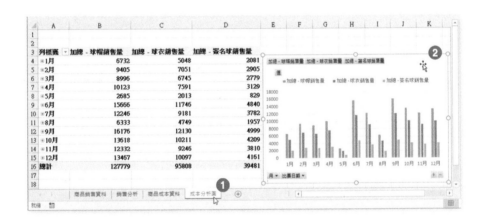

Step.1　點選 "成本分析圖" 工作表。

Step.2　點選工作表上的樞紐分析圖。

Step.3　拖曳畫面右側〔**樞紐分析圖欄位**〕窗格底下的「球場」資料欄位。

Step.4 拖放至〔**篩選**〕區域裡。

Step.5 樞紐分析圖上立即新增「球場」篩選按鈕。

工作 2

在 "商品銷售資料" 工作表上，變更 A 欄裡的日期顯示格式，地區設定選擇英文（加拿大），並使用類型為 14/03/2012 日期格式。接著，變更 E 欄、G 欄、I 欄、K 欄與 L 欄的貨幣格式為 $ 英文（加拿大）。

解題：

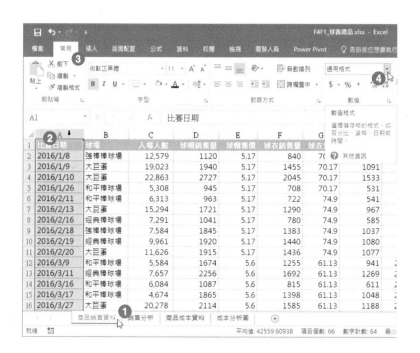

Step.1 點選 "商品銷售資料" 工作表。

Step.2 點選整個 A 欄。

Step.3 點按〔**常用**〕索引標籤。

Step.4 點按〔**數值**〕群組裡的〔**數值格式**〕下拉式選項按鈕。

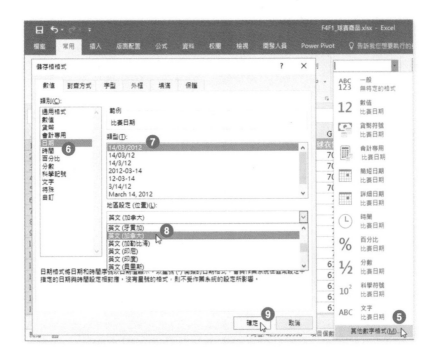

Step.5 從展開的下拉式選單中點選〔**其他數字格式**〕選項。

Step.6 開啟〔**儲存格格式**〕對話方塊並自動切換到〔**數值**〕索引頁籤,點選〔**日期**〕類別。

Step.7 選擇類型為「14/03/2012」。

Step.8 在地區設定選項裡選擇〔**英文(加拿大)**〕。

Step.9 按下〔**確定**〕按鈕。

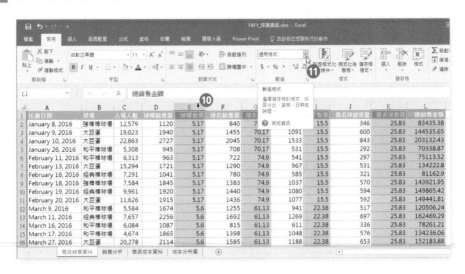

Step.10 同時選取 E 欄、G 欄、I 欄、K 欄與 L 欄。

Step.11 再次點按〔**數值**〕群組裡的〔**數值格式**〕下拉式選項按鈕。

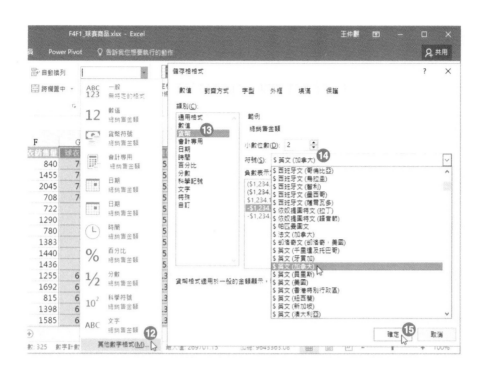

Step.12 從展開的下拉式選單中點選〔**其他數字格式**〕選項。

Step.13 開啟〔**儲存格格式**〕對話方塊並自動切換到〔**數值**〕索引頁籤，點選〔**貨幣**〕類別。

Step.14 選擇貨幣符號為〔**$ 英文（加拿大）**〕。

Step.15 點按〔**確定**〕按鈕。

	A	B	C	D	E	F	G	H	I	J	K	L
1	比賽日期	球場	入場人數	球帽銷售量	球帽售價	球衣銷售量	球衣售價	短T銷售量	短T售價	簽名球銷售量	簽名球售價	總銷售金額
2	January 8, 2016	強棒博球場	12,579	1120	$5.17	840	$70.17	630	$15.50	346	$25.83	$83,435.38
3	January 9, 2016	大巨蛋	19,023	1940	$5.17	1455	$70.17	1091	$15.50	600	$25.83	$144,535.65
4	January 10, 2016	大巨蛋	22,863	2727	$5.17	2045	$70.17	1533	$15.50	843	$25.83	$203,132.43
5	January 26, 2016	和平棒球場	5,308	945	$5.17	708	$70.17	531	$15.50	292	$25.83	$70,338.87
6	February 11, 2016	和平棒球場	6,313	963	$5.17	722	$74.90	541	$15.50	297	$25.83	$75,113.52
7	February 13, 2016	大巨蛋	15,294	1721	$5.17	1290	$74.90	967	$15.50	531	$25.83	$134,222.80
8	February 16, 2016	經典棒球場	7,291	1041	$5.17	780	$74.90	585	$15.50	321	$25.83	$81,162.90
9	February 18, 2016	強棒博球場	7,584	1845	$5.17	1383	$74.90	1037	$15.50	570	$25.83	$143,921.95
10	February 19, 2016	經典棒球場	9,961	1920	$5.17	1440	$74.90	1080	$15.50	594	$25.83	$149,865.42
11	February 20, 2016	大巨蛋	11,626	1915	$5.17	1436	$74.90	1077	$15.50	592	$25.83	$149,441.81
12	March 9, 2016	和平棒球場	5,584	1674	$5.60	1255	$61.13	941	$22.38	517	$25.83	$120,506.24
13	March 11, 2016	經典棒球場	7,657	2256	$5.60	1692	$61.13	1269	$22.38	697	$25.83	$162,469.29
14	March 16, 2016	和平棒球場	6,084	1087	$5.60	815	$61.13	611	$22.38	336	$25.83	$78,261.21
15	March 17, 2016	和平棒球場	4,674	1865	$5.60	1398	$61.13	1048	$22.38	576	$25.83	$134,236.06
16	March 27, 2016	大巨蛋	20,278	2114	$5.60	1585	$61.13	1188	$22.38	653	$25.83	$152,183.88

Step.16 完成日期與貨幣符號的格式設定。

工作 3

在 "商品銷售資料" 工作表的儲存格 F67，輸入公式計算在所有棒球賽的球帽銷售量超過 2000 件以上，且售價在 5.5 元以上的球帽總銷售量。

解題：

Step.1　點選 "商品銷售資料" 工作表。

Step.2　點選儲存格 F67 並輸入公式 =SUMIFS(。

Step.3　點選整個 D 欄。

Step.4　輸入的 SUMIFS 函數立即參照到 D 欄，並持續輸入後續的參數與參照，形成 =SU MIFS(D:D,D:D, "">2000",E:E, "">5.5")。

Step.5　完成公式輸入並顯示計算結果。

工作 4

移除參照範圍為 [商品銷售資料 '!A1I7:$L$32] 名稱為 "第二季賽事" 的範圍名稱。

解題：

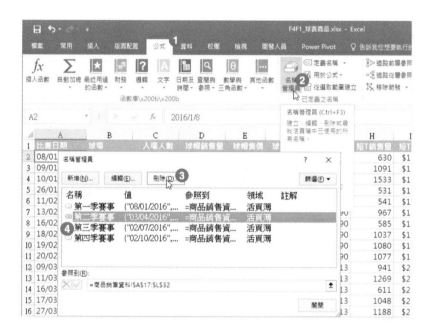

Step.1　點按〔公式〕索引標籤。

Step.2　點按〔已定義之名稱〕群組裡的〔名稱管理員〕命令按鈕。

Step.3　開啟〔名稱管理員〕對話方塊，點選既有的名稱「第二季賽事」。

Step.4　點按〔刪除〕按鈕。

Step.5
開啟確認是否刪除對話，點按〔確定〕按鈕。

Step.6
回到〔名稱管理員〕對話方塊，點按〔關閉〕按鈕。

工作 5

在"銷售分析"工作表上,以樞紐分析表裡的資料新增一個〔**立體堆疊直條圖**〕圖表。

解題:

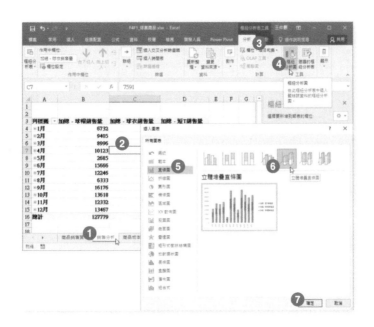

Step.1 點選"銷售分析"工作表。

Step.2 點選樞紐分析表裡的任一儲存格。例如:儲存格 C7。

Step.3 點按〔**樞紐分析表工具**〕底下的〔**分析**〕索引標籤。

Step.4 點按〔**工具**〕群組裡的〔**樞紐分析圖**〕命令按鈕。

Step.5 開啟〔**插入圖表**〕對話方塊,點選〔**直條圖**〕選項。

Step.6 點選圖表類型為〔**立體堆疊直條圖**〕。

Step.7 點按〔**確定**〕按鈕。

完成立體堆疊直條圖的製作:

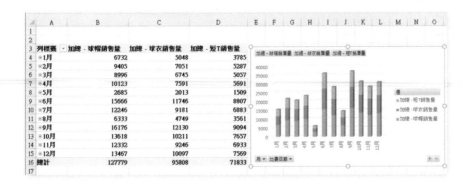

專案 2

說明：

您在體育頻道工作，從事體育新聞撰稿，目前在準備四年一度的世界盃足球賽資料，正準備使用 Excel 統計分析賽事記錄與相關資訊。

工作 1

在 "四強冠軍統計" 工作表的儲存格 C2 ，建立一個公式但僅能使用一個函數，以 "四強冠軍統計" 工作表中儲存格 B2 裡的國家名稱為查詢依據，查詢在 "FIFA 國家代碼列表" 工作表裡的國家代碼。

解題：

Step.1　點選 "四強冠軍統計" 工作表。

Step.2　選取儲存格 C2。

Step.3　輸入公式 =VLOOKUP(B2, 。

Step.4　點選" FIFA 國家代碼列表" 工作表。

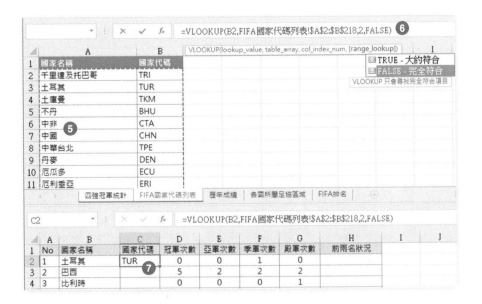

Step.5
切換到 "FIFA 國家代碼列表" 工作表後選取範圍 A2:B218。

Step.6
繼續後續參數的輸入,建立完整的 VLOOKUP 函數為 =VLOOKUP(B2,FIFA 國家代碼列表 !$A$2:$B$218,2,FALSE)。

Step.7
完成公式的輸入並顯示此查詢函數的查詢結果。

工作 2

以密碼 "12345678" 保護活頁簿檔案。

解題:

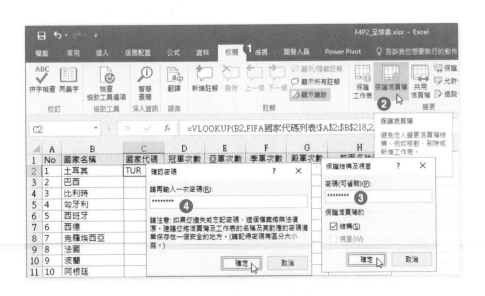

Step.1
點按〔校閱〕索引標籤。

Step.2 點按〔**變更**〕群組裡的〔**保護活頁簿**〕命令按鈕。

Step.3 開啟〔**保護結構及視窗**〕對話方塊，輸入密碼「12345678」，然後，點按〔**確定**〕按鈕。

Step.4 開啟〔**確定密碼**〕對話方塊，再次輸入相同的密碼「12345678」以確認密碼無誤，然後，點按〔**確定**〕按鈕。

工作 3

建立新的自訂色彩，調整〔**輔色 1**〕選項的色彩為　RGB "240"、"20"、"180"。並將自訂色彩命名為 "桃紅色資料"。

解題：

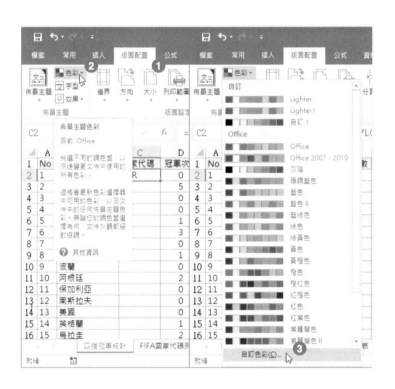

Step.1 點按〔**版面配置**〕索引標籤。

Step.2 點按〔**佈景主題**〕群組裡的〔**色彩**〕命令按鈕。

Step.3 從展開的色彩選單中點選〔**自訂色彩**〕功能選項。

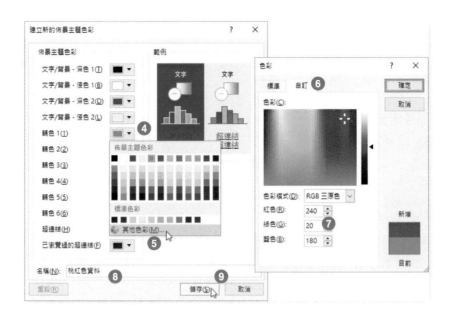

Step.4 開啟〔**建立新的佈景主題色彩**〕對話方塊,點選〔**輔色 1**〕的色彩按鈕。

Step.5 從展開的色彩選單中點選〔**其他色彩**〕選項。

Step.6 開啟〔**色彩**〕對話方塊,點選〔**自訂**〕索引頁籤。

Step.7 設定色彩三原色為:紅色 240、綠色 20、藍色 180"。然後按下〔**確定**〕按鈕。

Step.8 回到〔**建立新的佈景主題色彩**〕對話方塊,點選名稱文字方塊,輸入此自訂色彩的名稱為「桃紅色資料」。

Step.9 點按〔**儲存**〕按鈕。

工作 4

在"四強冠軍統計"工作表的儲存格 H2，建立一個公式可以顯示所列的四強國家名稱清單裡，該國家的四強歷史中曾獲得前兩名的狀況。亦即顯示曾獲得冠軍也曾獲得亞軍，還是從未獲得冠軍。如果曾獲得過冠軍也曾獲得亞軍，則顯示"曾獲冠亞軍"，若從未獲得過冠軍，則顯示"從未奪冠"。

解題：

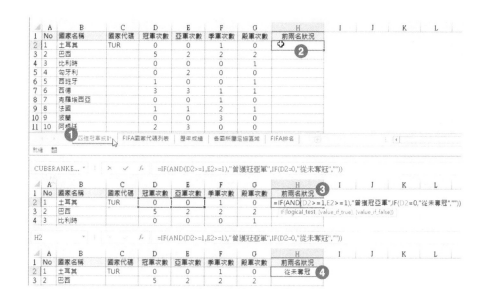

Step.1　點選"四強冠軍統計"工作表。

Step.2　選取儲存格 H2。

Step.3　輸入公式 =IF(AND(D2>=1,E2>=1)," 曾獲冠亞軍 ",IF(D2=0," 從未奪冠 ",""))。

Step.4　完成公式的輸入並顯示運算結果。

工作 5

在 "歷年成績" 工作表的 H 欄使用函數建立公式，計算出每一個主辦國在多少年前主辦過世界盃足球賽。

解題：

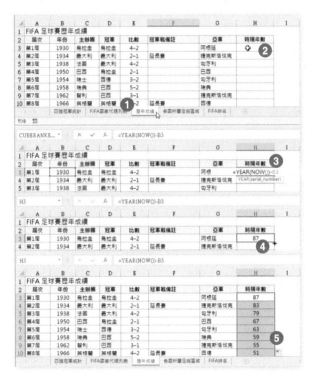

Step.1

點選 "歷年成績" 工作表。

Step.2

選取儲存格 H3。

Step.3

輸入公式 =YEAR(NOW())-B3。

Step.4

完成公式的輸入後，將滑鼠游標停在儲存格 H3 右下角的填滿控點上（此時滑鼠指標將呈現小十字狀）。

Step.5

往下拖曳填滿控點至最後一個儲存格完成整欄的計算。

專案 3

說明：

您是食品公司行銷主管，正利用活頁簿建立咖啡與蛋糕的採購資訊、收入分析，以及重要節日的咖啡銷售櫃位人力分配。

工作 1

修改 Excel 選項設定，當資料有所異動時，公式並不會自動重新計算，但是，在儲存活頁簿時會自動重算公式。

解題：

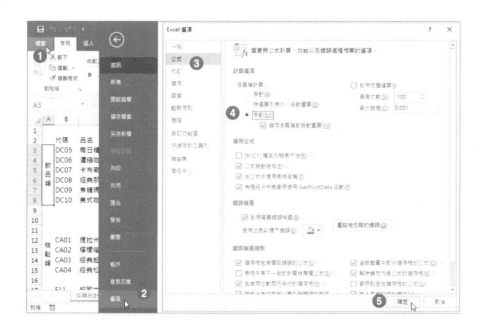

Step.1 點按〔**檔案**〕索引標籤。

Step.2 進入後台管理頁面，點按〔**選項**〕。

Step.3 進入〔**Excel 選項**〕操作頁面，點按〔**公式**〕選項。

Step.4 點選〔**計算選項**〕底下的〔**手動**〕選項，並勾選〔**儲存活頁簿前自動重算**〕核取方塊，

Step.5 最後點按〔**確定**〕按鈕。

工作 2

根據 "採購統計" 工作表上的儲存格範圍 B2:L21 為資料來源，在 "收入分析" 工作表的儲存格 A2 建立一個樞紐分析表，以顯示每一種商品其總收入的平均值。每一列顯示一種商品的品名。

解題：

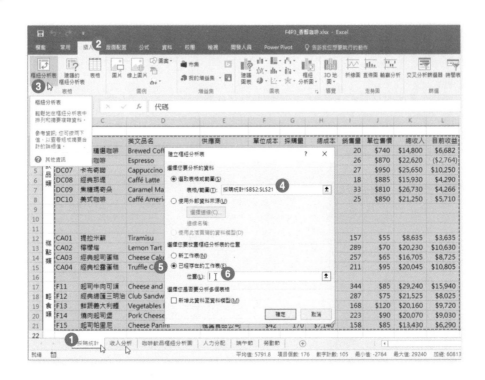

Step.1 點選 "採購統計" 工作表。

Step.2 點按〔**插入**〕索引標籤。

Step.3 點按〔**表格**〕群組裡的〔**樞紐分析表**〕命令按鈕。

Step.4 開啟〔**建立樞紐分析表**〕對話方塊，選取儲存格範圍 B2:L21 為樞紐分析表的資料來源。

Step.5 點選〔**已經存在的工作表**〕選項。

Step.6 點選〔**位置**〕文字方塊。

Step.7

點選 "收入分析" 工作表。

Step.8

點選儲存格 A2。

Step.9

點選的工作表儲存格位址將立即顯示參照在〔**位置**〕文字方塊裡。

Step.10

點按〔**確定**〕按鈕。

Step.11 在 "收入分析" 工作表上新增了樞紐分析表。

Step.12 拖曳〔**樞紐分析表欄位**〕窗格裡的「品名」欄位至〔**列**〕區域。

Step.13 拖曳「總收入」欄位至〔**Σ 值**〕區域。

Step.14 以滑鼠右鍵點按樞紐分析表上的任一摘要值。

Step.15 從展開的快顯功能表中點選〔**摘要值方式**〕選項。

Step.16 再從展開的副功能選單中點選〔**平均值**〕選項。

Step.17 完成各產品總收入的平均值摘要統計。

工作 3

在"咖啡飲品樞紐分析圖"工作表上，變更樞紐分析表設定，使得檔案開啟時也會自動更新樞紐分析表資料。

解題：

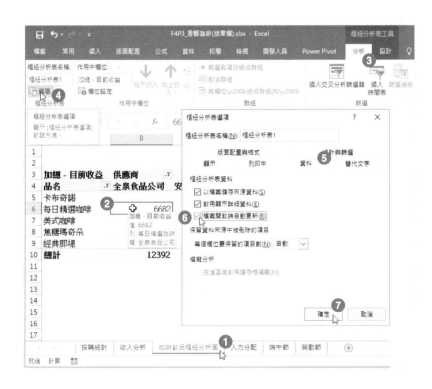

Step.1 點選 "咖啡飲品樞紐分析圖" 工作表。

Step.2 選取工作表上樞紐分析表裡的任一儲存格。例如：儲存格 B6。

Step.3 點按〔**樞紐分析表工具**〕底下的〔**分析**〕索引標籤。

Step.4 點選〔**樞紐分析表**〕群組裡的〔**選項**〕命令按鈕。

Step.5 開啟〔**樞紐分析表選項**〕對話方塊後，點選〔**資料**〕索引頁籤。

Step.6 勾選〔**檔案開啟時自動更新**〕核取方塊。

Step.7 點按〔**確定**〕按鈕。

Step.8 彈跳出提示對話方塊後，點按〔**確定**〕按鈕。

工作 4

在"人力分配"工作表，對儲存格範圍 C27:E32 增加 監看視窗。

解題：

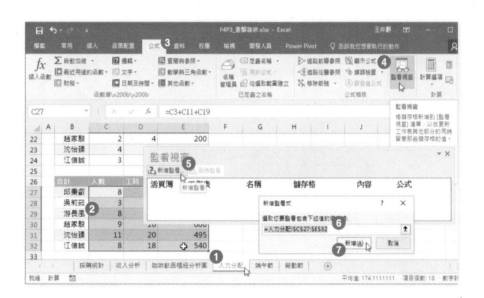

Step.1 點選"人力分配"工作表。

Step.2 點選儲存格範圍 C27:E32。

Step.3 點按〔公式〕索引標籤。

Step.4 點按〔公式稽核〕群組裡的〔監看視窗〕命令按鈕。

Step.5 開啟〔監看視窗〕對話方塊，點按〔新增監看〕按鈕。

Step.6 開啟〔新增監看式〕對話方塊，剛剛選取的儲存格範圍之位址若有調整的必要，可以在此進行修改或選取。

Step.7 點按〔新增〕按鈕。

Step.8 回到〔監看視窗〕對話方塊，可以看到已新增監看範圍裡各儲存格的監看式資料。

工作 5

在 "端午節" 工作表的儲存格 H9 使用一個邏輯函數新增一個公式,使得每一位櫃位主管所負責的櫃位至少銷售出一杯咖啡時可以顯示 TRUE ,若有任何一位櫃位主管其負責的櫃位沒有賣出任何一杯咖啡,則顯示 FALSE 。

解題:

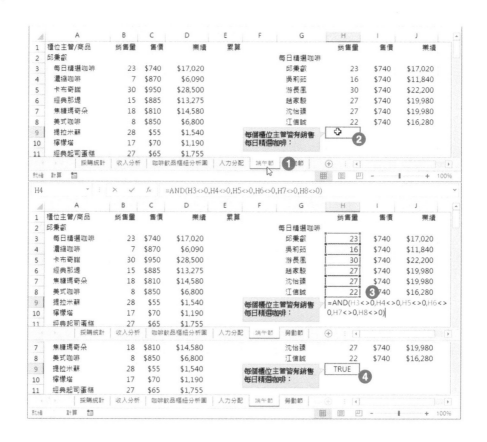

Step.1 點選 "端午節" 工作表。

Step.2 選取儲存格 H9。

Step.3 輸入公式 =AND(H3<>0,H4<>0,H5<>0,H6<>0,H7<>0,H8<>0)。

Step.4 完成公式的輸入並顯示運算結果。

專案 4

說明：

您是企業的會計助理，正協助主辦會計處理近幾年損益表的摘要報告。

工作 1

使用 Excel 的填滿數列功能，在"損益表"工作表的儲存格範圍 C3:F3，填滿 104 年度到 106 年度。不要變更儲存格格式。

解題：

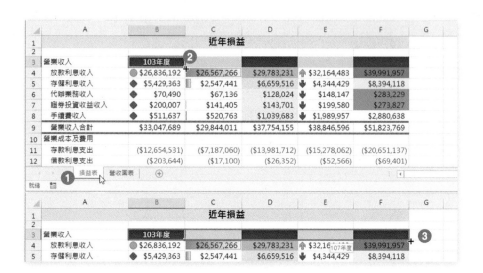

Step.1 　點選"損益表"工作表索引標籤。

Step.2 　點選儲存格 B3，然後，將滑鼠指標停在此儲存格右下角的填滿控點（滑鼠指標呈小十字形）上。

Step.3 　往右拖曳至填滿至儲存格 F3。

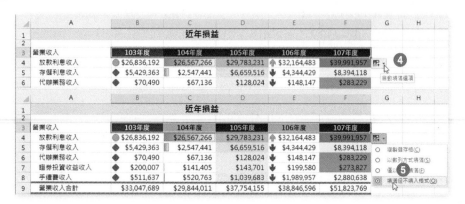

Step.4 在儲存格 F3 右下方立即顯示〔**自動填滿選項**〕智慧標籤按鈕，點按此按鈕。

Step.5 從展開的功能選單中點選〔**填滿但不填入格式**〕功能選項。

工作 2

移除"損益表"工作表上所有設定格式化的條件。

解題：

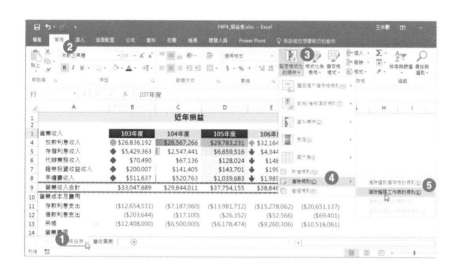

Step.1 點選"損益表"工作表索引標籤。

Step.2 點按〔**常用**〕索引標籤。

Step.3 點按〔**樣式**〕群組裡的〔**設定格式化的條件**〕命令按鈕。

Step.4 從展開的格式化條件選單中點選〔**清除規則**〕功能選項。

Step.5 再從展開的副選單中點選〔**清除整張工作表的規則**〕。

	A	B	C	D	E	F
1				近年損益		
2						
3	營業收入	103年度	104年度	105年度	106年度	107年度
4	放款利息收入	$26,836,192	$26,567,266	$29,783,231	$32,164,483	$39,991,957
5	存儲利息收入	$5,429,363	$2,547,441	$6,659,516	$4,344,429	$8,394,118
6	代辦業務收入	$70,490	$67,136	$128,024	$148,147	$283,229
7	證券投資收益收入	$200,007	$141,405	$143,701	$199,580	$273,827
8	手續費收入	$511,637	$520,763	$1,039,683	$1,989,957	$2,880,638
9	營業收入合計	$33,047,689	$29,844,011	$37,754,155	$38,846,596	$51,823,769
10	營業成本及費用					
11	存款利息支出	($12,654,531)	($7,187,060)	($13,981,712)	($15,278,062)	($20,651,137)
12	借款利息支出	($203,644)	($17,100)	($26,352)	($52,566)	($69,401)
13	呆帳	($12,408,000)	($6,500,000)	($6,178,474)	($9,260,306)	($10,516,061)
14	營業費用					

Step.6 此工作表上曾有的格式化設定已經清除。

工作 3

在"營收圖表"工作表上,選擇"營業收入"欄位,新增一個交叉分析篩選器。

解題:

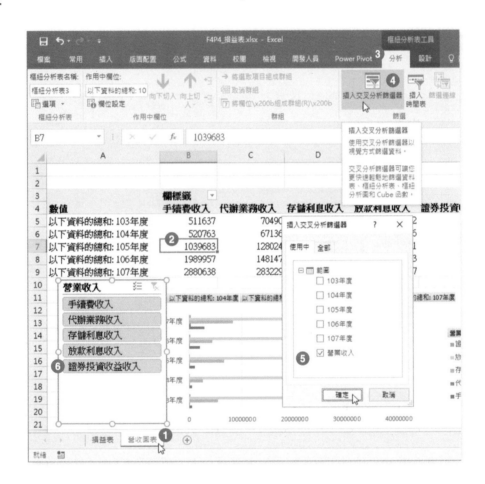

Step.1 點選"營收圖表"工作表。

Step.2 點選工作表上樞紐分析表裡的任一儲存格。例如:儲存格 B7。

Step.3 點按〔**樞紐分析表工具**〕底下的〔**分析**〕索引標籤。

Step.4 點按〔**篩選**〕群組裡的〔**插入交叉分析篩選器**〕命令按鈕。

Step.5 開啟〔**插入交叉分析篩選器**〕對話方塊,勾選〔**營業收入**〕核取方塊,然後,點按〔**確定**〕按鈕。

Step.6 在工作表上立即產生名為〔**營業收入**〕的交叉分析篩選器(按鈕面板)。

工作 4

將 "營收圖表" 工作表裡的樞紐分析圖，儲存為圖表範本檔，存放在 Charts 資料夾內，命名為 "營業收入圖表"。

解題：

Step.1 　點選 "營收圖表" 工作表。

Step.2 　以滑鼠右鍵點按此工作表上的樞紐分析圖表。

Step.3 　從展開的快顯功能表中點選〔**另存為範本**〕功能選項。

Step.4 　開啟〔**儲存圖表範本**〕對話方塊，預設的存檔路徑是 Charts 資料夾。

Step.5 　輸入存檔名稱為「營業收入圖表」，預設附檔案名稱為 .crtx。

Step.6 　最後按下〔**儲存**〕按鈕。

工作 5

在功能區裡顯示〔**開發人員**〕索引標籤。

解題：

Step.1 點按〔**檔案**〕索引標籤。

Step.2 進入後台管理頁面，點按〔**選項**〕選項。

Step.3 開啟〔Excel **選項**〕對話方塊，點按〔**自訂功能區**〕選項。

Step.4 勾選〔**開發人員**〕核取方塊。

Step.5 點按〔**確定**〕按鈕。

畫面上方功能區裡立即包含了〔**開發人員**〕索引標籤。

Microsoft MOS Excel 2016 Expert
原廠國際認證應考指南 (Exam 77 -728)

作　　　者：王仲麒
企劃編輯：郭季柔
文字編輯：詹祐甯
設計裝幀：張寶莉
發 行 人：廖文良

發 行 所：碁峰資訊股份有限公司
地　　址：台北市南港區三重路 66 號 7 樓之 6
電　　話：(02)2788-2408
傳　　真：(02)8192-4433
網　　站：www.gotop.com.tw
書　　號：AER048900
版　　次：2017 年 10 月初版
　　　　　2023 年 02 月初版七刷
建議售價：NT$450

國家圖書館出版品預行編目資料

Microsoft MOS Excel 2016 Expert 原廠國際認證應考指南(Exam 77
-728) / 王仲麒著. -- 初版. -- 臺北市：碁峰資訊, 2017.10
　　面；　公分
　　ISBN 978-986-476-604-8(平裝)
　　1.EXCEL 2016(電腦程式)　2.考試指南
312.49E9　　　　　　　　　　　　　　　　106016977